U0711022

马银文◎编著

成就胜局的做人良策　得心应手的处世妙方

做人要活处世要圆

Zuorenyaohuo Chushiyaoyuan

天津科学技术出版社

图书在版编目(CIP)数据

做人要活　处世要圆/马银文编著. —天津:天津科学技术出版社,2009.8

ISBN 978 – 7 –5308 –5259 –0

Ⅰ.做… Ⅱ.马… Ⅲ.①人间交往 – 通俗读物②成功心理学 – 通俗读物

Ⅳ.C912.1 –49　B848.4 –49

中国版本图书馆 CIP 数据核字(2009)第 140308 号

责任编辑:刘丽燕
责任印制:白彦生

天津科学技术出版社出版
出版人:蔡　颢
天津市西康路 35 号　邮编 300051
电话(022)233322398
网址:www. tjkjcbs. com. cn
新华书店经销
三河市艺苑印刷厂印刷

开本 710×1000　1/16　印张 20　字数 250 000
2014 年 6 月第 1 版第 2 次印刷
定价:32.00 元

前　言

灵活多变，圆融通达——为人处世的最高境界。

水流不腐，人活不输。头脑活一点，海阔天空任我行；心态活一点，游刃有余自从容；眼睛活一点，笑看风云世事明；嘴巴活一点，左右逢源处处灵。

处世要圆。圆的压力最小，圆的张力最大，圆的可塑性最强。但这"圆"绝不是圆滑世故，更不是平庸无能，而是圆融通达，以一种宽厚的胸襟、融通的情操，展示与人为善、居高临下的大智慧。

世事变化无常，做人的道理也并非一成不变。成熟的处世观，不仅要能洞察别人的弱点，还应避免咄咄逼人；在任何情况下都不会随波逐流，能潜移默化地影响别人，而又绝不会让人感到是强加于人。

做人要活，处世要圆，不是一种老于世故、老谋深算者的处世哲学，而是一种成功做人，成熟处世的智慧和方式。

不可否认，如今的时代是一个渴望成功的时代，每一个人都渴望自己能够取得成功。想成功，不仅要具备超越常人的才华，更重要的是应该具备灵活、通达的处世技巧。

因此，本书集思广益，吸取成功者的经验，借鉴失败者的教训，深入探讨做人的良好心态和处世的有效手段，帮助您克服办事中遇到的种种困难，教您在挫折与坎坷面前找到应对之策，使您能够时刻保持乐观的情绪、旺盛的战斗力，学会控制好自己的心态，成为为人处世进退自如、游刃有余的人际红人！

目 录

第三章　低姿态，强势弱形得人心　/45

一个人，如何对待自己在社会中的位置至关重要。低姿态做人，沉着行事，是一种助你深耕的力量，也是一种力量的曲径展示，是一种智慧，又是一种淡泊平和的境界；低姿态做人，并非妄自菲薄，不求进取；低姿态做人，坦诚而平淡地看待自己，这样反而更容易接近目标。

第四章　听人言，固执己见吃大亏　/69

俗话说人无完人，一个人的观点永远不能尽善尽美，集合大家的智慧才能创造更完美的成功。坚持自己的意见也许不是坏事，但刚愎自用的人是不会看到更广阔的天地的。聆听别人的劝告，接受他人的意见，往往就是你走向成功的开始。

第五章　求变通，水无常态随方亦圆　/93

　　梁启超说："变则通，通则久。"知变与应变的能力是一个人的素质问题，同时也是现代社会办事能力高低的一个很重要的考察标准。办事时要学会变通，不要总是直线思考。放弃毫无意义的固执，这样才能更好地办成事情。

第六章　懂取舍，拿得起还要放得下　/117

　　爱迪生说："没有放弃就没有选择，没有选择就没有发展。"的确，人生并非只有一处风景如画，别处风景也许更加迷人。你必须在选择面前跨出新的一步，让思想尽情地翱翔。飞得越高，望得越远，才会走出眼前的疆界，突破现有的成见。

第七章　留余地，游刃有余自从容　/141

做人处世，要把握好尺度，万事都要留有余地。不论做什么事都难有百分之百的把握，变数始终存在。所以在没有成功的绝对把握时，应该先给自己留点余地，以便进退自如，来去从容。

第八章　善"伪装"，藏锋显拙真聪明　/165

古人说："大智若愚，大巧若拙。"善"伪装"的目的正是为了要减少外界的压力，松懈对方的警惕，或使对方降低对自己的要求。正所谓揣着"明白"装"糊涂"，为人处世的最高境界，莫过于此。

　　李嘉诚说："有时看似是一件很吃亏的事，往往会变成非常有利的事。"的确，从长远来看，有时候吃亏并不是真正意义上的"牺牲"，而是一种隐性投资。因为这种投资是可以回收的，而且比一般投资的回报率要高得多！所以人们常说"吃亏是福"。

目

录

ZuoRenYaoHuo
ChuShiYaoYuan

第一章

有"心机"，做人不能太"实在"

　　在如今越来越复杂的社会里，要想更好地生存和发展，就必须首先学会不做"老实"人；要想做人做得好，就一定要懂得做人的"心机"。如果你不懂做人的"心机"，就会处处碰壁，达不到应有的办事效果，不仅影响你与他人关系的和谐程度，还影响自身事业的发展。如果你想要避免这些本不该有的麻烦和挫折，就从现在开始学习做人的"心机"吧！

1. 做人不要太"老实"

人人都喜欢"老实人"，因为老实人实在。周总理曾夸赞"世界上最聪明的人就是最老实的人"。虽然做"老实人"没错，但不要做不懂得反抗、宁愿自己吃亏也不愿意别人吃亏的"老实"人。要知道，凡事都有一个度，物极必反。

如今的社会，虽不至于用"江湖险恶"来形容人际关系的复杂和多变，但是俗话说"马善被人骑，人善被人欺"，如果一个人过于"老实"，一点"心机"都没有，就很容易吃亏。

在工作中，我们经常看到一些"老实"人被一些爱指使人的同事呼来唤去，凡是脏活累活，或者吃力不讨好的差事也都一点不差地落在了"老实"人的头上。有了责任，"老实"人一定排在第一个位置上，等待挨批。而有了好事，"老实"人却一定远远地缩在某个不能被轻易看到的角落里。实在的"老实"人，简直就成了职场的"冤大头"。

刘师傅在公司干了十几年了，职位仍然停留在公司的最底层，原因是他太"老实"了，不懂人情世故。这样的人怎么能当领导呢？所以，他只能数年如一日地干着刚进公司就干的工作。

也由于他太"老实"，别人让他干什么，他从来不懂拒绝，所以有些同事有什么事就爱指使他。

公司的厨房在一楼，人们在二楼工作。中午吃饭的时候，大家本来应该自己去拿自己的饭盒。而刘师傅为人实在，光拿自己的饭盒不好意思，就顺便把大家的饭盒都拎了上来。第一次，大家都感激地道谢；次数多了，大家便都习惯了，不但不感激，而是下意识地认为那都是刘师傅应该做的。有时候，该吃饭的时候，有人看刘师傅还没下去拿饭盒，便吆喝说："刘师傅，该吃饭了。下去拿饭盒！"

而吃完了饭，有的同事便开玩笑地对刘师傅说："刘师傅，你干脆好事做到底，把饭盒一起拿下去洗了吧。"于是，刘师傅又多了一项任务，他想反正自己也要下去刷，顺便多刷几个也不费劲。于是，有些同事便习惯成自然，偶尔刘师傅请假一天，还会抱怨他不该请假。对此，他也从不说什么。

有一天，大家吃完饭，有些人习惯地把饭盒放在刘师傅的办公桌上就工作去了。那天刘师傅身体有一点不舒服，就想先打个盹再送下去，谁知道，不知道怎么就睡过了头。恰恰在这个时候，老总带领一个有意向合作的客户进了办公室。当这个客户看到刘师傅桌子上堆满了饭盒时，皱了皱眉头，心想，这个公司员工素质这么差，公司也好不到哪里去，于是拒绝了和公司合作。老总为此非常生气，把刘师傅大骂了一顿，并让他去结工资走人。刘师傅有口难辩，而旁边的同事竟然没有一个站出来帮他说句话。

刘师傅就是因为太"老实"，才使得有些同事欺负他，领导不重视他，他吃了亏，还有口难辩。

从理论上讲，"老实"人不会吃亏，也不应该让"老实"人吃亏。然而，在现实生活中，"老实"人容易吃亏却是人们不可回避的事实。比如，许多单位在分房、评职称、涨工资等"重大"事情上都慎而又慎，弄出许多详尽的标准，可到具体执行中，标准就软化了。结果常常是那些圆通玲珑的"能人"如愿以偿，而那些安分守己、默默无闻、不争不抢的"老实"人即便标准够了，也轮不到头上。

做人太"老实"，就难免会落得如此下场。究其原因不难发现，"老实"人在群体中基本上处于不受重视的地位，没有什么实际影响力，也很难出类拔萃成为领导者。除此之外，还有以下原因：

首先，"老实"人不善于表现自己。自己应该得到的常常不去争取，觉得不好意思；自己的优点与能力常常不为人所知，给人的印象很平常，甚至常常被人遗忘，很难引起他人的重视。

其次，"老实"人不知道为自己的将来计划和打算。他们习惯于凑合着过日子，没有什么大的理想，也不知道自己能够做什么，一生糊里糊涂。或许他们偶尔也有自己的想法，却没有机会表达，一旦有机会表达又

没有信心；即使把想法说出来也不会得到他人的重视。可以说，"老实"的人是没有话语权的。

再次，"老实"的人不懂得交际。不会运用社会资源，总是单打独斗，在处理各种关系上原则有余、圆通不足，很难树立起自己的威信。"老实"的人个性也往往比较孤僻，不主动和别人交往，不主动和别人接触。本来就是一个很普通的人，再不主动，还能期望别人主动与之结交吗？这是不可能的事情。所以"老实"的人往往没有多少朋友，也不是一个受欢迎的人。

最后，"老实"人不加入任何的利益团体。只知道过自己的生活，也没有给别人带来好处的能力，而给别人带不来任何好处的人在整个利益关系的链条中就会处于不被人重视的地位。

在此，我们并不是要提倡大家都去巧言令色，逢迎巴结，而是说，吃亏的常常是"老实"人。做人，不能一味地退让。是自己的责任，要敢于承担，不是自己的责任也不能乱往自己身上揽；对不属于自己的东西，不该去争去抢，而对自己的切身利益，一定要尽力去争取。"老实"人总是抱着"吃亏是福"的心态，没有原则地一味退让。却不知，有时候你吃亏，别人不仅不感激，反而还视为理所当然。

〜 点评 〜

所以，为了保护自己的正当利益，做人不能太"老实"，要有一点"心机"。俗话说得好，"害人之心不可有，防人之心不可无"。不要以为有"心机"就是要算计别人，更多的时候，为人处世留一点"心机"，是保护自己免受伤害的需要。

2. 做一头懂得为自己邀功的"老黄牛"

"老黄牛"精神一直是我们中华民族弘扬的品德。无论在什么单位，领导和同事们都很喜欢身边有头"老黄牛"，因为"老黄牛"们干活实在，任劳任怨。但可悲的是他们常常得不到上级的重视。原因是他们只知道"耕耘"，从不知道积极表现自己，更不知道为自己邀功，所以只能是白忙活一场。

"老黄牛"的精神固然是可嘉的，可是谁能真正做到只问"耕耘"，不问收获呢？就像一个农民，辛苦忙碌了一阵子，到了收获的季节，却颗粒无收，那种失落感恐怕不是大多数人能承受的。所以，人们要"耕耘"，也要"收获"。

恰当地把自己的工作包装、呈现出来，让上司知道你的付出，从而重用提拔你，这其实也是每一位渴望升迁的职员走向成功的第一步。在信息社会，只会做事是不够的，还必须让老板知道你做了什么。否则，纵使你累得半死，也很难获得加薪、升迁的机会。

对此，台湾作家黄明坚有一个比喻："做完蛋糕要记得裱花。有很多做好的蛋糕，因为看起来不够漂亮，所以卖不出去。但是在上面涂满奶油，裱上美丽的花朵，人们自然就会喜欢来买。"做完蛋糕要想到裱花，有了美丽的奶油花朵，蛋糕就会赢得人们的青睐。随时报告老板，就是在自己做的蛋糕上裱花，让老板为你喝彩。

如果你不打算受到重用，想继续坐冷板凳，那就在角落里默默"耕耘"吧。否则，就留点"心机"。每当你完成了一件很棘手的任务时，要及时向你的老板汇报，别怕人看见你的光亮。而"老黄牛"式的人有了功劳，从来不向老板汇报，觉得那样有炫耀的嫌疑，总是等出了纰漏才想到去找老板。老板都喜欢能干的下属。如果你一贯是精明干练的，那即便你

一时有了麻烦，老板也能够宽大为怀，予以谅解。而如果你每次向老板报告的都是坏消息，结果便可想而知。

所以，我们要学习"老黄牛"的精神，但也不能过于实在，埋头干活，也要适时地为自己邀功。虽然这对于那些不善言辞的"老黄牛"来说，不是一件容易的事，但只要肯学，还是可以做到的。

开门见山，先说结果。不要把时间和精力用来描述你做的事，而首先直接把结果告诉他。因为老板都很忙，应用有限的时间，报告老板最关心的事。

如果时间充足，再进一步详细说明过程。报告内容尽可能简明扼要，并且记住先感谢别人，再说自己的功劳。

如果是书面形式的报告，一定要署上自己的名字，不要洋洋洒洒，下笔千言，却不署名；或者，把直属主管、老板的名字全写了上去，却唯独漏了自己。

报告结束，切勿立刻求赏，只要给老板留下好印象即可。否则，老板可能会觉得你太急功近利。只要你一次次地赢得老板的肯定，升迁晋级总会有机会。所谓功到自然成，机会肯定会光顾你的。

要记得在向老板报告时，最好同时把好消息告诉你的同事、部属，让他们分享喜悦。这样，既团结了工作人员，又造了"舆论"，让别人觉察到你的能力。

当然，要能主动使你的劳动成果让你的上司知道，不仅需要有主动表达的能力，也需要一些方法，还可以通过一些非常规的途径来向老板传达。

比如，随着网络的发展，E-mail 就是一个很好的渠道。如果有个项目完成了，有个成果出来，可以利用 E-mail 沟通，可以把它寄给你的老板，或者高层领导，作用在于告知他们，你已经圆满完成了上面要求的任务。这是一种很有效的方法，一定要学会利用。

"老黄牛"式的人总是认为，自己的辛苦老板总有一天会看到的，但那也许需要很长的时间，也许老板因为百事缠身，根本没有注意到。所以，与其傻乎乎地等，不如自己主动寻找机会，表现自己，那样你能在最短的时间里脱颖而出。

中国人是提倡谦虚的，"老黄牛"式的员工也一直把谦虚奉若神明。他们自己不爱表现，甚至还不喜欢别人表现。其实爱表现是很好的一种品质。老板们不怕谁爱表现，反而比较怕不爱表现的员工，因为他要花很多心力去了解，不是每个老板都有这种时间。员工爱表现，就可以及早让公司发掘他的特长。如果员工表现出的方式或能力不适当，主管或人力资源部门也可以尽早发现，帮助他改进不足之处，让他能适性发展，对公司也会有利。

谦虚是一种美德。"老黄牛"的谦虚没有错，然而，过分谦虚往往形成负面效应，一是显得虚伪，二是自贬了身价，让他人看不到你真正的价值。虽然人们不欣赏那种锋芒毕露、恃才傲物、处处咄咄逼人的员工，但是偶尔恰到好处的表现是可取的。

哪头"老黄牛"不想得到主人的垂怜呢？哪头"老黄牛"不想成为一头职场"名牛"呢？只知道自己勤干苦干，然后傻傻等待被"挖掘出来而大放光彩"的一天，这样的机会无疑是少之又少。不如主动一点为自己邀功请赏吧。

点评

"苦干"还要加"巧干"，否则你将永远只是落在最后的那一个。想表现自己，就要主动寻找合适的机会，让自己的功劳尽显于人前。就算要做一头勤勤恳恳的"老黄牛"，也要做懂得为自己邀功的那一头。

3. 不做"直肠子"，为人办事会转弯儿

实在人说话最大的特点就是"直肠子"，不会拐弯儿，得罪人是难免的。所以，我们在为人处世的过程中，绝不能"直肠子"，而应该深知"曲径通幽"的妙处。

现代著名诗人柳亚子的诗文很受人们的欣赏，他的书法流畅奔放，但却很潦草，甚至让人看不懂。有一次柳亚子邀画家辛壶来观诗文并让他给出评价。辛壶实在认不全柳亚子的狂草，于是就委婉地说："先生真是才思敏捷，意到笔不到呀！"辛壶的含蓄、风趣，确实让人佩服。他不但巧妙地点出了柳亚子先生的不足，又不损他的尊严，真是一举两得。我们是不是也应该多学学画家辛壶的说话技巧呢？

其实很多事情的解决可以通过绕道而行。就比如我们处理事情的时候，如果懂得兜圈子、绕弯子，或者从相反的方面来思考问题的话，可能别人就比较乐意接受。这样往往还可以起到"化干戈为玉帛"的作用。

或许我们都见到过被关在屋里的蝴蝶，为了离开屋子，它们就会拼命地飞向玻璃窗。它们在一次又一次的碰壁之后，还是要挣扎着再次冲向玻璃。它们的这种做法，不仅不能让它们飞出屋子，而且还会撞得遍体鳞伤。其实，只要它们绕开玻璃，在屋子里飞一圈静静地感觉哪里有风在流动，就可以轻易地找到出口。

如同此理，我们做人也不能像蝴蝶那样"直肠子"。有时候不能逞匹夫之勇，而是要用我们的智慧绕道而行，或许可以达到意想不到的效果。

说到会为人，办事会转弯儿，我们就不能不提及林肯先生，他可谓是这方面的高手。

有一次，林肯在某个报纸编辑大会上发言，指出自己不是一个编辑，所以出席这次会议，是很不相称的。为了说明他最好不出席这次会议的理

由，他给大家讲了一个小故事：

"有一次，我在森林中遇到了一个骑马的妇女，我停下来让路，可是她也停了下来并目不转睛地盯着我的面孔看。"

"她说：'我现在才相信你是我见到过的最丑的人！'"

"我说：'你大概讲对了，但是我又有什么办法呢?'"

"她说：'当然，你生就这副丑相是没有办法改变的，但你还是可以待在家里不要出来嘛！'"

大家为林肯幽默的自嘲而哑然失笑。林肯在这里巧妙地运用了自嘲来表达自己的拒绝意图，既没让人难堪，还让听众在愉快的氛围中领悟到林肯的意图。

有时候为了避免直言相告，可巧妙地寻找借口，这样不仅为自己解了围，还可以保全他人的面子。

舞会上别人邀请你，你内心实在不想跟他跳，可以说："我累了，想休息一下。"既达到谢绝目的，又不伤别人的自尊心。

别人与你相约同去参加某一活动，但到时候你却忘记了，或过后生悔，未去赴约。直说出原因，将会影响别人对你的信任，也是对他人的不尊重。一般情况下，失约的可能原因有身体不适、家中有事、客人来访等，你可挑选比较合情理的一种，作为事后的解释。

面对两难问题，似是而非好解脱。不做"直肠子"，说话办事会转弯儿，有时也指把本应该说得准确、清楚的话，说得模棱两可。因为在语言的实际运用中，许多话是应该具有模糊性的；因为现实生活中有些话不必要，也不便于说得太实太死。

王元泽是宋朝著名政治家、文学家王安石的儿子。在他年幼时，有一个客人把一头獐和一头鹿放在一个笼子里，问他哪一头是獐，哪一头是鹿。王元泽回答说："獐旁边的那头是鹿，鹿旁边的那头是獐。"王元泽的回答固然没有错，但是，他的回答是含糊其辞的，因为他没有确切地指明哪头是獐，哪头是鹿。然而妙也就妙在这"含糊其辞"上，王元泽如果老老实实地回答"不知道"，那就显示不出他的聪颖和机智，也不可能引起客人对他的才华的赞赏了。

说话会转弯，意思模糊，灵活性高，适应性也强。谈判中对某些复杂

的论点或意料之外的事情，不可能一下子作出准确的判断，这时就可以运用模糊语言来避其锋芒，以争取时间做必要的研究和制定对策。

陈毅同志当外长时曾主持过一次谈国际形势的记者招待会。会上陈毅谈到了美制 U-2 型高空侦察机骚扰我领空的事情，并对此表示了极大的愤慨。有个外国记者趁机问道："外长先生，听说中国打下了这架侦察机，请问是用什么武器打下的？是导弹吗？"只见陈毅用手做了一个用力往上捅的动作，说："我们是用竹竿子把它捅下来了。"与会者无不捧腹大笑，那个记者也知趣地不再追问了。

竹竿子能捅下高空侦察机吗？陈毅同志回答的显然是一句错话，但却错得极妙！试想，除此之外，还有什么更好的回答方式呢？如实相告，就会泄露我国的核心机密，当然不行；但按一般方法说"无可奉告"，会使会议气氛过于沉闷、凝重；而"是用竹竿子捅的"这句错话，却听起来煞有介事，既维护了国家机密，又营造了幽默轻松的谈话气氛，真是一举两得，令人拍案叫绝！

点评

　　"直肠子"的人，在面对别人的刁难，面对两难问题的时候，冥思苦想却依然不得法。懂得转弯的人，能够更巧妙地解决棘手的问题。只要以其人之道，还治其人之身，让对手去承受自己设计的圈套，这种做法岂不更妙？

4. "热心"过度，好心办坏事

有的人就是太实在，看见别人的闲事就想管。要知道爱管别人的闲事，有时也难免会受伤。你有做你想做的事的自由，但切勿多管闲事。俗话说："管闲事落不是。"就是这个道理。

人生的复杂自不必多说，任何一点点的不安因素都有可能产生不能预测的结果。不要当一个过于实在的人，因为自己的好心或无心，管了闲事，反而造成了对他人的伤害。

从前有一只松鼠十分热心地把一条鲤鱼从水里捞上来，放在草地上。

布谷鸟惊奇地问它："你到底在干什么？"

松鼠得意地答道："你没看到它快淹死了吗？我正在救这个家伙。"

这虽然只是一个小笑话，却是爱管闲事的人的生动写照。管闲事与管应当管的事的最大差别，就是管了别人不需要你管的事，在于对方愿意接受的程度有所不同。中国有句古话说："各人自扫门前雪，莫管他人瓦上霜。"剔除千百年来人们加给它的种种自私自利的理解，实际上倒是比较容易反映人际关系应对的微妙之处的。

张克庆是个热情开朗的人，非常热衷于为他人解决家庭纠纷。一听说亲戚朋友谁家中有事，就到人家那里做说客。其实事情根本没那么严重，只是夫妻间常有的小矛盾而已，但是热情的张克庆非常卖力地去给人家调解，弄得人家理他不是，不理他也不是。常常是好心帮倒忙。有些很简单的事情，反而被他弄得一团糟，总是要闹到很尴尬的地步，才肯收手。

"好心没好报"就是这个道理。为人热情是好事，但这份热情的温度燃烧得太高，就会烫到你身边的人，让他人对你避而远之。有的人是被盲目的"热情"所驱使，根本不知道真正应该管什么，不该管什么，他们的"热情"便常常为人们所避之唯恐不及了。

有很多人交际非常广，性格外向，为人热情开朗，可就是口碑不好。其原因就在于他们过分热衷于为他人的私事而费尽心力地做调解。岂不知，家丑不可外扬，谁都不想让自己的家务事被他人知道，更不想让别人过分地干涉自己的事情。

～∽点评∽～

"好心"人总是热心的，但热心过度，好心也会办坏事，不仅不受人欢迎，还会让人讨厌，避之唯恐不及。

5. 学会"自夸"，为腾飞添翼

我们都以为王婆卖瓜，是在自卖自夸。其实我们都误解了王婆。瓜既是好瓜，怎叫自夸？

比如一坛好酒，香飘四溢，从巷子的尽头飘到大街上，从而路人皆知巷子里有好酒。当然这是在巷子并不十分深的前提下。假如巷子九曲回肠望不到尽头，那么这坛好酒终究免不了沦为平庸之物。再好的酒得不到别人的品尝也只能孤芳自赏。养在深闺人不知，很多美好的东西都湮没在默默无闻之中，这样的悲剧实在是太多了。

有一匹千里马，身材瘦小，但却能矫健如飞，日行千里。这匹千里马混在众多马匹之中，黯淡无光，没有人知道它有与众不同的奔跑能力，因为它看起来实在太瘦弱了。马场的马一匹匹被买主买走，这匹千里马始终没有被人相中。但千里马并不为之所动，甚至在心里耻笑那些庸庸之辈，对那些买主更是不屑一顾，认为他们目光短浅，与其被他们挑中，倒不如自己永远这样待着。马场的老板对这匹马渐渐没有了信心和耐心，给它的草料数量和质量越来越糟糕。但千里马仍然信心十足，它相信总有一天，会有伯乐相中它的。

有一天真的来了一位伯乐，他在马场转了半天，来到了这匹千里马面前。千里马高兴极了，心想，这下机会来了。伯乐拍了拍马背，要它跑跑看。千里马见伯乐如此举动，心里很是不快，心想，如果是伯乐，肯定一眼就会相中我，为什么还不相信我，还要我跑给他看呢？这个人一定不是真伯乐！于是千里马拒绝奔跑。伯乐失望地摇摇头，走了。

又过了一段时间，马场只剩下这一匹千里马了。老板见它可怜，本想骑着它回老家去，好好饲养它，可千里马就是不走。无奈之下，老板只好把千里马杀了，拿到街上去卖马肉。

千里马至死也不明白，世人为什么要这样对待它。

中国人历来是不愿意表现自己的，而把谦虚视为一种美德。这在传统社会中没错，但如今的社会已经不是原来那个"酒香不怕巷子深"的年代了。你有才能，你有创意，但是不表现出来大家怎么知道呢？没有人有时间去做伯乐到集市上耐心地挑选你，是好马你就要叫两声，你就要跑出来给人看。

一切需要你自己主动，美好的东西不会主动跑到你面前来，就算天上掉馅饼，也要你主动去捡，而且你必须抢先别人一步。金子如果被埋在土里就不会发光。如果它要发光有两种可能：一是被矿工侥幸发掘；另外则是通过自己的力量破土而出，如果你努力，如果你是真金，这种可能几乎等于必然。

我们绝大多数人都有自己的理想和目标，但实现理想的第一步则是必须学会醒目地亮出自己，为自己创造机会。

小武和同学们去学校的大礼堂听一个著名企业老总的演讲。

这名老总很有威望，是德国人，他第一次来中国演讲。同学们听得都很认真，有的人还一边做着笔记。

大礼堂里面鸦雀无声，只有老总一个人的声音在回荡，偶尔有热烈的掌声响起。老总很是奇怪，如果是在自己的国家，同学们早就站起来对自己提问或者进行争辩了，气氛异常活跃；而现在除了自己在滔滔不绝地演讲之外，没有一个人附和或反应。难道是自己的演讲很糟？

在演讲结束的时候，老总终于忍不住向同学们提出了一个问题。他期待着同学们踊跃地回答。可令他失望的是，许久没有一个人站起来。这位老总心里想，只要哪位敢站起来回答我刚才提出的问题，不管他回答得对不对，我都会为他提供一个出国深造的机会。

这时候，小武站了起来，说出了自己理解的答案。

老总为他鼓掌。同学们都以为小武的回答得到了老总的认可，可出乎意料的是，老总却说："你的答案是错的。但你的回答为你赢得了一次出国深造的机会。"

老总话音刚落，全场哗然。同学们都后悔了。可是机会往往只有一次。最后，老总送给同学们一句话："记住，在今天，沉默并不是金。"

老总的话让同学们如醍醐灌顶。在人才济济、竞争越来越激烈的情况下，机会不会无缘无故跑到你面前来。如果要让别人认识你，吸引别人对你的注意，你就要适当地表现自己，不卑不亢。在工作当中，不要把自己的才华和能力隐藏起来，要告诉你的领导你能够做到，让领导赏识你，这样你才有机会发挥你的才能。在公司召开的会议上积极踊跃地发言，提出自己独特、鲜明的观点；踏踏实实地做好工作，把工作做漂亮，然后让大家分享你完成工作的快乐。如果只是默默无闻地工作，虽然做得很好但也很可能不被领导发现，不被同事认可。

如果你想得到别人的赏识，那么不仅要老老实实把事情做好，还要学会自夸，把自己的能力呈现出来。

既然是好酒，为什么要藏在巷子深处呢？同样，既然是好瓜，为什么就不能夸呢？

假如我们是王婆，我们又该如何？还不是一样要对来来往往的顾客夸赞自己卖的是好瓜？因为我们的目的只有一个，就是要把瓜卖出去。每个人都有权利对自己喜欢的东西进行赞美，如果你不喜欢也不要说别人在自夸，总有一天你也会在别人的面前赞美你喜欢的东西。

～～ 点评 ～～

不要再信奉"好东西就是好东西，不用说自然也有人知道"的老观念。要明白，只有大胆"自夸"，把自己的"瓜"推销出去，才是你最终的目的。

6. 工作不能太"实在"，
有才华不能完全展露

刚刚毕业的学生，缺乏心机，个性单纯，自信心比较强烈，认为做什么事情都要做到最好，越显示自己的能力就越能够得到老板和同事们的尊重。职场上，聪明的员工对自己的成就总是轻描淡写，谦虚，不张狂；愚蠢的员工则大声喧哗，哗众取宠，结果众叛亲离。

自己有才华就要完全展露出来，这种想法显然是错误的。很明显，持有这种想法的人把职场当成了学校。在学校里我们可以尽情发挥自己的才华；但职场不是学校，职场不是一个纯粹的言论自由、做事自由的场所。

初入职场的你，可能没有意识到，你和你的同事、老板在很多时候都处于一种利益相关的关系之中。如果你事事占了先，难免会被其他的同事疏远甚至抛弃。如果你得不到老板与同事的支持和认可，你能力再强又有什么用呢？一旦你处于孤立无援的境地，你就有危险了。

李伟是刚刚毕业的大学生，到杂志社应聘编辑一职。在向主考官展示自己发表过的作品后，他又说自己擅长策划，有领导才能，是编辑部主任的最佳人选，并将杂志社目前的办报方式说得一无是处。巧的是那位负责招聘的正是编辑部主任，因此第一关就没有让李伟通过。

谁都希望刚开始的时候就给单位留下良好的印象，这没有错，但要适度，做得过火往往得不偿失。李伟给我们的教训就是：对于选定的职位，只表现出自己胜任那一职位的能力即可；不要锋芒毕露，还没有进入职场就先树敌，这对自己有百害而无一利。

在职场，适当表现一下，可以给新单位留下良好的印象，但是一定要把握一个度。为人处世不可做得太绝，这个道理放之四海而皆准。世上每

个人皆需依赖众生才能生存，只有在和谐平衡的情形下，方能向前发展。不要急于提意见，更不要越位。让上司、同事消除戒心，要懂得先保护自己，收敛锐气等待时机，切忌以自我为中心。

周宇航在一家周刊工作，是一个非常有能力的记者。敏锐的洞察力、良好的口才以及行云流水般的文笔常常使他的报道趋于完美。他策划的选题常常是周刊的头条，发表大多会引起轰动。

鉴于此，周刊一旦有什么重大选题都交给周宇航，他也从不推辞，认为能者多劳。起初一两次也没什么，次数多了，同事就不满了，认为他太张狂，好的选题老是自己霸占，从不给别人一个表现的机会。渐渐地，他被同事疏远了。但他不以为然，他觉得一个有能力的人，一个卓越的人，就应该显得与众不同。

后来，周刊记者部主任辞职了，周刊需要挑选出一个新的主任。周刊高层决定采用民主选举的方法，让所有员工投票选出自己心目中的主任。周宇航当时非常有信心，认为主任非他莫属，因为处于同一级别的同事没有谁比他更优秀了。然而，让他想不到的是，没有一个人选他，大多数人把票投给了一个名不见经传的人。

更惨的是，新上任的主任再也没有把周刊的重点选题交给周宇航负责，而只让他负责一些鸡毛蒜皮的小事。周宇航由失落到失望，最后不得不辞职了。

周宇航的经历给我们的教训是，在追求优秀与卓越的同时，千万不要过分张扬，否则只能给自己、给工作带来障碍。

做人要低调一些，做事要考虑别人的感受。不是有一句话说"高调做事，低调做人"吗？做事的时候要扎扎实实尽力做好，但也不要搞得沸沸扬扬，唯恐没有人知道你在做这件事。

有的人做出了点成绩，总是在同事面前谈论，甚至还借此来贬低别人，以此来显示自己的优越性。这种做法是最愚蠢的。只有在恰当的时候关心同事，在工作上该出力的时候全力以赴，才是聪明的表现。那些见缝插针，一有机会就刻意表现自己的人会给人一种矫揉造作的感觉，一定得不到大家的喜欢。

如果刚到工作岗位就表现得过于完美、咄咄逼人，即使你思路敏捷、

口若悬河，说得再好也不会改变你在同事心中的印象，只会让人感到厌恶，他们也不会接受你的任何观点和建议。总想让别人知道自己很有能力，处处想显示自己的优势，希望从而获得他人的敬佩和认可，结果却是失掉了在同事中的威信，这样做实在是捡了芝麻，丢了西瓜。

人类喜欢表现自己就像孔雀喜欢炫耀美丽的羽毛一样正常。自我表现是人类天性中最主要的特点，每个人都希望展现自己美好的一面。但前提是，一定要适时、适当。

恰当、自然、真实地展现你的能力和才华值得赞赏，只知刻意地自我表现则是最愚蠢的。卡耐基曾指出：如果我们只是要在别人面前表现自己，使别人对我们感兴趣，我们将永远不会有许多真实而诚挚的朋友。

～◇ 点评 ◇～

在竞争日益激烈的社会，表现自己，使自己获得一份好的工作和回报是无可厚非的。但是，过早地展露自己的全部能力，只会遭人嫉妒，使工作陷入进退两难的境地。

7. 愚忠是傻，忠诚是智慧

在企业中，忠诚和能力孰胜一筹呢？能力是一个人在事业上取得成功的必不可少的前提条件，可是对于老板来说，有能力的员工不止一个，他们更看重员工的忠诚。企业不欢迎不忠诚的人，即使他再有能力。如果有能力，却没给老板留下忠诚的印象，这样的员工最可能遭到老板的猜忌。

老板最不能容忍的就是员工的不忠诚。在老板眼里，忠诚是一个员工最基本也是最重要的素质。如果员工不忠诚，怎么能够把事关公司发展和前途命运的大事托付给他呢？

对上司忠诚是取得信任的关键，三心二意的职员是不受欢迎的。但凡事有度，过度的忠诚就是愚忠，是傻，那样只会葬送你的职业前途。

忠诚是一种智慧的品质。所有老板都希望员工对自己忠诚，所以，获得老板赏识的一个重要条件就是要对老板忠诚。所谓忠诚，通俗一点，就是和老板一条心，对工作尽心尽力。具体表现在三个方面：

（1）执行任务不找借口。

（2）不侵害公司的利益。

（3）与公司同甘共苦。

当然，做任何事情都有个度的问题。忠诚没有错，但愚忠就不对了。忠诚超过了限度就是盲从。盲从就意味着可能要去做不该做的事情，不但会被抓住把柄，还会给自己的职业生涯抹上黑色的一笔，影响自己以后事业的发展。

在职场有这样一句话很流行："职场守则第一条：老板永远是对的；第二条：如果发现老板错了，请参照第一条。"这句话强调了老板领导地位的绝对性。但这并不意味着老板向你下达的所有指令你都必须执行，这要视当时的具体情况及命令的合理性灵活应对。

在有些时候，执行在一般情况下看起来不合情理的命令是合理的，甚至是必需的，比如老板让你撒谎。我们在办公室经常遇到这样的情况：老板不想见一个人，或者不想听一个人的电话，就叮嘱你说："告诉他我不在。"虽说诚实是做人之本，是职场中取得事业成功的必备美德，但是这时你一般都应该遵照老板的话去做，撒谎说老板不在办公室；若对方继续问，就说老板出差了，或者开会去了。如果你拒绝执行，肯定会得罪老板，并且可能失去工作。其实，老板不见这个人多数情况下是有原因的，有时候对生意上的人避而不见倒是一个不错的、避免利益损失的方法。这对整个公司来说，也是有利的。

但是，另外的一些情况，你必须坚持原则，不可对上司的命令盲从。如果老板让你撒个弥天大谎，如做假账，这时无论老板怎样威逼利诱，你都要拒绝。你可以提醒老板这样做的后果。如果老板还不觉悟，你宁可辞去工作，也不能失去原则。这个时候，如果你怕失去工作而怀着侥幸心理做了，一旦东窗事发，你的前途就被这种盲从的思想葬送了。

"非典"期间，有一家公司的老板想借着机会报复竞争对手。他找来了对自己忠心耿耿的胡宇宁，让他给防治"非典"中心打电话，谎称竞争对手的那家公司里发现了多名"非典"疑似患者。胡宇宁遵照执行，搞得那家公司着实紧张了一阵。后来警方经过调查，查到了胡宇宁头上。但是当他交代自己是受老板指使时，老板矢口否认，辩解自己没有指使他打电话，更不知道他要干这样一件愚蠢的事，甚至说如果事先知道这件事，他一定会严厉制止下属的行为。胡宇宁拿不出证据为自己辩护，只好自己背黑锅。

胡宇宁的盲从让老板抓住了把柄，并留下了推卸责任的借口，也毁掉了他在职场苦心经营建立起来的一切。这就是盲从老板，去执行一件不该接受的任务所酿成的恶果。

所以，忠诚并不是盲从。当老板向你下达任务时，你应该学会用自己的头脑去分析，哪些是必须执行的，哪些是违背了原则而要坚决拒绝的，然后接受正当的任务并全力做好它，这样才不会犯错。

在接受老板任务的时候，你应该冷静面对老板。

有的老板可能比较威严，在公司里整天板着脸，不苟言笑，让心理素

质不高的员工感到担心，老板一安排任务就不加考虑地接受；而有的老板则相反，对待员工平易近人，让员工面对分配的任务不好意思不给老板面子，勉强接受。无论面对哪一种老板，你都要冷静地面对，仔细地考虑，这样你才不会在没有充分准备的前提下草率地接受任务，才会避免失败。

还要懂得权衡利弊。老板的某些指令，有些是你很明显就知道是不能接受和完成的；而有些指令，你一时分不清难易和对错，这就需要你在接受老板安排的任务时进行冷静的思考，权衡利弊。如果确实该做，就要全力地去执行；如果是不合情理的，甚至是违法的，那就想方设法拒绝。当然，拒绝的时候仍然要讲究方式。

世界知名的 IBM 公司，老员工的比例已经超过百分之八十，他们用忠诚和努力，造就了 IBM 今天的霸主地位，自己也从中得到了更加丰厚的回报。在这个人才竞争日趋激烈的社会里，忠诚已经成为每个人安身立命之本，成为求生存、谋发展的重要能力和首要条件。

点评

把对上司的忠诚变成一种智慧，它所为你在职场生涯中带来的价值是不言而喻的。如果你在这方面做得足够好，那么你离飞黄腾达的日子也就不远了。

8. 逢人只说三分话，未可全抛一片心

俗话说：一言可以兴邦，一言可以乱邦。所以一些老于世故的人，对人总是唯唯诺诺，可以不开口的，就尽可能做到三缄其口。

说话小心些，为人谨慎些，使自己置身于进可攻、退可守的有利位置，牢牢地把握人生的主动权，无疑是有益的。在现实生活中，正人君子有之，奸佞小人有之；既有坦途，也有暗礁。在复杂的环境下，不注意说话的内容、分寸、方式和对象，往往容易招惹是非，授人以柄，甚至祸从口出。

随便说话的害处是非常多的。一个毫无城府、喋喋不休的人，会显得浅薄俗气、缺乏涵养而不受欢迎。西方有句谚语说得好："上帝之所以给人一个嘴巴、两只耳朵，就是要人多听少说。"

比如某人有不可告人的隐私，你说话时偏偏在无意中说到他的隐私，言者无心，听者有意，他会认为你是有意跟他过不去，从此对你恨之入骨。他做的事，别有用心，极力掩饰不使人知，如果被你知道了，必然对你非常不利。如果你与对方非常熟悉，绝对不能向他表明你绝不泄密，那将会自找麻烦。

对于别人的隐私之类的问题，最好的办法，只有假装不知，若无其事。他有阴谋诡计，你却参与其中，代为决策，帮他执行。从乐观的方面来说，你是他的心腹，而从悲观的方面来说，你是他的心腹之患。

说话时一定要掌握好时机和火候，不然的话，一定会碰一鼻子灰。你有得意的事，就该与得意的人谈；你有失意的事，应该和失意的人谈。如果说错了对象，不但目的达不到，遭冷遇、受申斥也是意料中的事。有些奸佞小人，巧妙地利用了别人在说话时机、场合上的失误，拿他人当枪使，以达到损人利己的目的。

每个人都有自己的秘密，都有一些压在心里不愿为人知的事情。同事之间，哪怕感情不错，也不要随便把你的事情、你的秘密告诉对方，这是一个不容忽视的问题。

你的秘密可能是私事，也可能与公司的事有关。如果你无意之中说给同事听，很快，这些秘密就不再是秘密了。它会成为公司上下人人皆知的故事。这样对你极为不利，至少会让同事多多少少对你产生一点"疑问"，而对你的形象造成伤害。

还有，你的秘密，一旦告诉的是一个别有用心的人，他虽然不可能在公司进行传播，但在关键时刻，他会把你的秘密作为武器回击你，使你在竞争中失败。因为一般说来，个人的秘密大多是一些不甚体面、不甚光彩甚至是有些污点的事情。这个把柄若让人抓住，你的竞争力就会大大地削弱了。

身为某公司总经理的查尔斯先生说过："所以要讲究说话的技巧，是因为许多人常常不假思索就信口开河，因而导致种种不良的后果。"他还说："为了达到目的，说话时必须力求简单明了而且有说服力。但最重要的是，该说则说，不该说则不说，不了解的事就不该说，甚至突然想起的话题，也应该尽量避免向朋友提及。"

～点评～

有句老话叫做"祸从口出"。为人处世一定要把好口风，什么话能说，什么话不能说，什么话可信，什么话不可信，都要在脑子里多绕几个弯子，心里有数。害人之心不可有，防人之心不可无。一旦中了小人的圈套，被其利用，后悔就来不及了！

第二章

观形势，人在矮檐要低头

　　做人一定要学会低头：能屈能伸，"忍"字当先，头要能高能低。到了矮檐之下，该低头时就要低头，否则即使撞不坏你的头，撞坏了屋檐也不是什么好事。能屈能伸，会观形势，这才是聪明做人的道理。

1. 该低头时就低头

　　现代社会，竞争激烈，错综复杂，因此在漫长的人生跋涉中，我们必须学会低头。但是，学会低头并不是妄自菲薄与自卑，学会低头意味的是谦虚、退让。

　　被称为"现代文明之父"的富兰克林，年轻时曾去拜访一位德高望重的老前辈。那时他年轻气盛，挺胸抬头迈着大步。一进门，他的头就狠狠地撞在门框上，疼得他一边不住地用手揉搓，一边看着比他的身子矮去一大截的门。出来迎接他的前辈看到他这副样子，笑笑说："很痛吧！可是，这将是你今天访问我的最大收获。一个人要想平安无事地活在世上，就必须时刻记住：该低头时就低头。这也是我要教你的事情。"

　　富兰克林把这次拜访得到的教导看成是一生最大的收获，并把它列为生活准则之一。这一准则令富兰克林受益终生。后来，他功勋卓著，成为一代伟人。他在他的一次谈话中说："这一启发帮了我的大忙。"言外之意即是：做人不可无骨气，但做事不可能总是昂着高贵的头。

　　试想，那些登上人生顶峰的成功者们，不论是乘机出访还是站在舞台上发表演说，总是微微低着头向脚下的人群挥手。原因很简单——他们站在高处。而他们脚下的普通人，只能抬头仰视高处的成功者。因为他们站在低处，脚下什么也没有。

　　或许，在现实生活中我们应该试着去学习低头，学会认输。其实这并不难，只需要知道，当自己摸到一张烂牌时，不要再希望这一盘是赢家；只有傻子才在手气不好的时候，对自己手上的一把烂牌说：我们只要努力就一定会胜利。学会低头，就是在陷入泥潭时，知道及时爬起来，远远地离开那个泥潭；只有愚蠢的人才会在狼狈不堪的时候，对自己的鞋子说：我们是出淤泥而不染的。学会低头，就是上错了公交汽车后，及时下车，

另外坐一辆车子。

从健康角度说，如果人一辈子总是抬头，永不低头，那可能导致脖子僵硬，使自己生活在痛苦之中。该低头时就低头，保持身体健康，生活才能更加美好。人生，又何尝不是如此？

雷墨就曾经说过："低头是需要勇气的。"的确，否则又怎会有明知是输，依然执迷不悟的赌徒呢？回顾历史，因缺乏这种勇气而一怒之下杀死了进谏之人的历代君王比比皆是。看看身边，因为缺乏这种勇气而酿成大错的世人举不胜举。

要知道，人是有可能做错事的，做了错事，该认错时要认错，认错将使人以后少犯错误、不犯错误。人是有可能失败的，当失败时，承认失败，总结失败的教训，失败就是成功之母。人在前进的道路上，有时可能需要退却，退一步海阔天空。人生的道路不可能是笔直的，当需要走弯路时，就应当选择适当的弯路，以便更好地接近和达到目标。

学富五车的人，也会因为承认自己知识的局限，而更加受到别人的尊重。也许你比对方高明，但是赞扬对方的高明，丝毫不影响你的权威；也许你掌握真理，但是肯定他人观点中正确的部分，会使他人更容易接受真理；也许错误在其他人，但是你承认自己的缺点，将更容易促使别人承认错误。

～点评～

在人生道路上，我们常常被告诫要以不屈不挠、百折不回的精神坚持到底，而有时候这样却输掉了自己。所以，适时地学会低头，也是一种智慧。

2. 人在屋檐下，不做"出头鸟"

在老板手下工作，无异于人在屋檐下。俗话说：人在屋檐下，哪能不低头！如果与老板发生冲突，即使你当时忍无可忍，但只要你不想"走人"，那就千万不要在你的老板面前逞能，更不能做"出头鸟"，当众羞辱你的老板！

有一位大学生，他分配到了一家贸易公司。他能力很强，也很上进，工作十分努力，但干了几年，还是没有提升的机会。当时与他一起进公司的人有的都做了主管，可他还是一个最底线的员工。其实，同事们都知晓其中的原因，只是他自己想不清楚。

有一次，他的主管正和公司老板一起检查工作，当走到他的办公室时，他站起来，对自己的主管说："经理，我想提个意见，我发现咱们部门的管理比较混乱，有时连一些客户的订单都找不到。"也许他说的是事实，但此事的后果就可想而知了。

也许你会说，这个人也是为了公司的利益，并且想改进工作。是的，他的本意不错，但我们要了解人性的另一个方面，谁也不愿当众出丑。即使有些人能做到前仇不计，但忘不掉当众受辱的难堪的凡人还是占多数的！所以这件事可能会产生一些潜在的后果：一方面双方心里都有疙瘩，受到指责的人因为有损自尊，终究不能释怀；指责他人者也总是担心挨整，时时提防。另一方面可能埋下了将来争斗的种子，表面上看起来平静无波，主管当场接受意见，但心里可能耿耿于怀，要伺机报复。

一般说来，那种真君子、大度量的上司虽有，但大多数上司还是不想让员工当众指责自己工作中的疏忽和漏洞，特别是当着自己的老板。因为这样会影响他的前程。即使你说得再对，如果他因此而失去了自己的职位，他还会感谢你的提议么？如果他对你不满，也许会做出一些对你不利

的事，如："冰冻"你，不给你事做。你再沉得住气，也不可能每天闲着没事吧！或者鸡蛋里挑骨头，明明你工作干得不错，但他就是不满意，总是挑毛病！也可能给你做出不良的业绩考核。业绩不好，加薪、升官还有希望吗？也可能分化你和同事之间的感情，造成你的孤立！等等，最阴险的，就是当众给你难堪。例如在开会的时候批评你。作为上司，他有批评你的权力！

总之，你的上司比你的优势更多，不论他使出上面的哪一招，都能让你这个当下属的坐立难安。如果你想越级打小报告，除非你证据明显，而且你的上司错误严重，否则也不会有太大的效果。因为他毕竟是老板提升上去的。

如果你确有证据，足以让他下台，也未为不可，但同时你会引来一个"好斗"的评语。除非你手上有丰富的资源可以分配，否则人人会敬你而远之，因为他们怕不小心也被你斗倒。而更严重的是，你把现在的上司斗走了，新换的上司会怕接近你，他也怕被你斗倒！

如果你万一年轻气盛，不小心让你的主管当众出丑和难堪，而且你也不想离职，那就赶快向老板道歉，这是唯一可取的弥补措施。也许你的上司看到你的低姿态，会认为你当时并不出于什么目的，而会原谅你。如果不去道歉，后果会很糟糕——让你无路可走，结果只有"走人"！

❦ 点评 ❧

对上司有意见，一定要找到一种妥善的方式和他沟通，最好是出之以礼；即使内心不服，也不能当众指责，做办公室里的"出头鸟"，这只能说明你还不够成熟，缺乏理性。

3. 不要锋芒毕露，该"装傻"时就要"装傻"

"人不知，而不愠，不亦君子乎！"可见人不知我，心里老不大高兴，这是人之常情。尤其是年轻人，总是希望在最短时间内使人家知道你是个不平凡的人。于是，很多人为了让更多的人认识自己，注意自己，就不自觉地露出了锋芒。

无疑，锋芒是刺激大家的最有效方法，但既是锋芒就会给人造成伤害。那些经验老到的人都有一个共同的特点，那就是"和光同尘"，毫无棱角。从表面上看，个个都好像是庸才，其实个个都是深藏不露。不是他们不够聪明，而是他们懂得藏锋露拙对自己的好处。

如果一个人做事毫无顾忌，言语锋芒毕露，便会得罪人，被得罪了的人自然会对他心怀不满，甚至成为他的破坏者。那么，当他的四周都是阻力或破坏者的时候，其立足点都没有了，哪里还能实现扬名立身的目的？

陈先生在年轻时代以具备三种特长而自负：笔头写得过人，舌头说得过人，拳头打得过人。在学校读书时，已是一员狠将，不怕同学，不怕师长，以为他们都不及他；初入社会，还是这样的骄傲自负，结果得罪了许多人。

不过，他觉悟得很快，一经好友提醒，便连忙负荆请罪，倒是消除了不少的嫌怨。但是无心之过仍然难免，结果终究还是遭受了挫折。俗语说，久病成良医。他在受足了痛苦的教训后，才知道言行锋芒毕露，就是自己为自己前途所安排的荆棘。有人为了避免再犯无心之过，就故意效法金人之三缄其口，即使不能不开口，也是多方审慎。虽然"矫枉者必过其正"，但是要掩盖先天的缺点，就不能不如此。因此若听见旁人说你世故人情太熟，做事过分小心，不但不要见怪，反而要感到高兴才是。

当然也许你会说，采用这样的办法不是永远无人知道吗？其实只要一有表现本领的机会，把握住，做出过人的成绩来，大家自然就会知道。这种表现本领的机会，不怕没有，只怕把握不牢，只怕做的成绩不能使人特别满意。你已有真实的本领，就要留意表现的机会；没有真实的本领，就要赶快从事预备。锋芒对于你，只有害处，不会有益处。额上生角，必触伤别人，你自己不把角磨平，别人必将力折，角一旦被折，其伤害更大，而锋芒就是人额头上的角啊！

因此，想要在事业上一展才华的人，要记住千万别锋芒毕露，该"装傻"时就要"装傻"。

许多专家提出，要想在单位里出人头地，就必须十分巧妙地使自己成为引人注目的焦点，而不是过早地崭露锋芒。有人将各种影响人们事业成功的因素作了如下的划分：工作表现只占 10％，给人的印象占 30％，而在单位里曝光机会的多少则占 60％。

在我们这个时代，工作表现好的人太多了。工作做得好也许能多拿些奖金，但是，干得好并不意味着能够获得晋升的机会。晋升的关键在于你懂不懂在适当的时间"装装傻"。

许多人认为，自己努力工作，领导却不重视自己，不提拔自己，不给自己机会是因为自己表现不够。其实，关键也许是你锋芒毕露，得不到老板的欢心，白白失去了大好机会！

点评

只要你有真才实学，工作能力强，就一定会被老板看见。不要以为在同事老板面前提高个人知名度的唯一方法就是锋芒毕露，偶尔装一下傻，一样可以增加在领导面前曝光的机会。

4. 当不了主角时，就心甘情愿当配角

如果在我们生活的舞台上，有两种角色供你选择，一个是主角，一个是配角，那么，无论是谁，都一定希望自己能扮演主角，而不是配角。尽管做主角很难，但大家依然乐此不疲。

我们之所以不太情愿扮演配角，大多是因为配角似乎就意味着为他人作嫁衣裳，而忽视自己。实际上，做配角，没什么不好，它更是一种低调做人的智慧。做配角为自己赢得了人缘，赢得了信任，更为自己积累能量做了充分准备，为自己下一次做主角打下了基础。那么，当我们不当主角的时候当一下配角又有何妨呢？

当配角可以赢得别人的信任。作为一个"配角"，请时刻记住不要表现得太过高调；相反，应该表现得低调谦虚、毕恭毕敬，使对方感到自己受人尊重。一般情况下，别人是不太会跟一个低调之人较真的。如果你在谈生意，那低调就更重要。把自己放低调，会让对方放松警惕，觉得用不着花费太大精力去应付一个不聪明的人。这样你反倒会占有很大的优势。

实际上，低调并不是表现了你的软弱，这只是一种表面现象，是为了让对方从心理上感到一种满足，从而对你更加信任和宽松。越是谦虚，人就越聪明。当你表现出大智若愚来，使对方陶醉在自我感觉良好的气氛中时，你就已经受益匪浅，这对你以后的工作或者生活都非常有利。

如果你处处高调，处处咄咄逼人，对方心里就会感到紧张，甚至会很容易对你产生反感，而使你们之间的交流出现障碍。为了赢得更多的朋友，也为了事业上进行得更加顺利，你不妨常以低姿态出现在别人面前。

当配角还要注意，不要表现得比别人优越。

法国哲学家罗西法古说："如果你要得到仇人，就表现得比你的朋友优越；如果你要得到朋友，就要让你的朋友表现得比你优越。"在交往中，

每个人都希望能得到别人的肯定。当我们让朋友表现得比我们优越时，他们就会有一种得到肯定的感觉；但是当我们表现得比他们还优越时，他们就会产生一种自卑感，甚至对我们产生敌对情绪。因为谁都在自觉不自觉地维护着自己的形象和尊严，如果有人对他过分地显示出高人一等的优越感，那么无形之中是对他自尊的一种挑战与轻视，同时排斥心理乃至敌意也就应运而生。

沈倩倩是某企业人事局的顾问，在她初到人事局的头几个月当中，她连一个朋友也没有。为什么呢？因为每天她都使劲吹嘘她在工作介绍方面的成绩、她新开的存款户头，以及她所做的每一件事情。

"我工作做得不错，并且深以为傲，"沈倩倩对丈夫抱怨说，"但我的同事不但不分享我的成就，而且还极不高兴。我渴望这些人能够喜欢我，我真的很希望他们成为我的好朋友。"丈夫对她说："你想让别人听你说，那么你何不先去听听他们想说什么呢？这样也许他们就会慢慢地接纳你的。"

沈倩倩接受了丈夫的建议，从此在与同事闲聊的时候，开始少谈自己，而是花很多时间去认真倾听同事们说话。慢慢地，大家有了什么话都喜欢告诉沈倩倩，后来几乎所有的同事都成了她的朋友。

做人不可过多地炫耀自己，对自己要轻描淡写，要学会谦虚。只有这样，我们才会永远受到别人的欢迎。有一位学者曾有过这样的一番妙论："你有什么可以值得炫耀的吗？你知道是什么原因使你没有成为白痴吗？其实不是什么了不起的东西，只不过是你甲状腺中的碘而已，价值并不高，才五分钱。如果别人割开你颈部的甲状腺，取出一点点的碘，你就变成一个白痴了。在药房中五分钱就可以买到的这些碘，就是使你没有住在疯人院的东西——价值五分钱的东西，有什么好谈的呢？"

当然，光自己做配角还不行，还要让对方有做主角的感觉。

人与人之间的交流之所以能够进行，就是因为彼此尊重和宽容。如果总是压制对方，强迫对方服从自己，对方不久就会对你产生敌对情绪，你们之间的关系就会变得别扭和无法沟通。相反，如果你在交际中，时不时地让对方做主角，就一定会极大地满足对方的自尊心和满足感。

在和别人相处的时候，试着留意对方的反应，尽力使对方心情舒畅。

如果你和这个人以前没有什么接触，那就事前多做些调查了解。对方有什么特长？对方最喜欢什么，憎恶什么？对方有什么个人习惯？等等。知道了这些事情，你如果想要让他做主角就容易得多了。对方想要什么，你就可以给他什么。如果能够做到这一步，对方就会感到被尊重和理解，你和别人的交流也就会非常顺畅了。

~*点评*~

生活中不可能人人都当主角，不是常说，红花还要绿叶来配嘛。配角的光芒虽没有主角那么耀眼，但它却是另一种重要的处世技巧。

5. 偶尔做回"出气筒"

与人相处，不仅要善于控制自己的情绪，而且要能体察别人的情绪。当别人处在盛怒之下时，你要懂得营造一个轻松的氛围，来缓解谈话的气氛。如有人突然做出一些出人意料的古怪举动，如把门"砰"的一声关上，或者动作显得很粗野；说不上几句话就怒形于色，或厉言相对，或口气粗暴；正颜厉色地说明自己的立场；摆出乖戾、闹别扭、偏见、破罐破摔的态度等，你就要知道，此时的他正处于情绪失控的状态之中。

若对方正在生气的气头上，你故意用使对方不满的话去顶撞，结果势必不欢而散。正确的应对办法是：在与对方谈论时，如果发现对方心中不快，就要停下来，想想该如何使他的不满尽快发泄。或者说，为对方做一次"出气筒"，缓和一下气氛，何乐而不为呢？

不满情绪的形成是有不同原因的。如果找不到原因，让不满得不到发泄，就如膨胀的皮球，被针戳了一个小孔就泄气；那样，不满的情绪虽然会"萎缩"，但由于对方往往不能透露不满的真正原因，会给你应变带来困难，很难从中找到说服上的突破点。

有些人的不满是以具体的行动体现出来的。如，有两个能干的人，是经常使上司头疼的职员，最后被调整到同一个单位，这两位一有空就互相倾诉不满。当所有的不满都获得宣泄之后，由于情绪的紧张不复存在，他们就变得能够用客观的眼光观察自己的个性了。此后，他们便想开了，都专心于各自的工作。使不满泄尽的好处，是能够让人放松自己，正如这个例子那样。不满的起因往往是琐事，如能认识到这一点，许多不满的真正原因都能被找到并加以解决。

再如，有一个职员，他的职位、权利和其他同事没有多少差别，可是他却满腹牢骚。他的上司经一番调查后发觉，原来这位老兄的办公桌比其

他同事的小。这么细小的事，竟也影响到他的情绪，并引发出了不满。当然他本人不承认"原因在此"。这是可以想象的。一般人常见的烦恼，越说得离现实太远，其实越有它更"具体"更"真实"的原因。

有人认为，倾听别人的不满有助于缓解气氛。

这种使之发泄不满的深层说服术，不但可以运用到日常生活之中，也可以运用到许多商业活动中。现在，许多营销组织设有顾客抱怨处理小组。它有双重作用：一是有迅速反馈消费者意见的作用；二是消费者对不良商品、缺损商品如不满，有一个发泄不满的机构。消费者有了尽情发泄不满的机会，反而会对那个营销组织的印象变好，因为不满发泄之后，人人觉得心情舒畅。

～◎点评◎～

面对别人的不满，不妨做一回"出气筒"，让对方发泄一下。这不仅能缓解紧张的气氛，还能使你在人际交往中占据优势地位。

6. 居功自傲遭排挤，谦虚谨慎能保身

不要以为自己立了功，就有了讨好上司、固宠求荣的法宝和资本。事实上，立了功，其实是很危险的事情。在中国历史上，那种由于居功自傲，最终招来杀身之祸的将领不在少数，他们并未战死在拼杀的疆场，而是断魂于自己人的刀下，说来令人惋惜，也让人深思。

邓艾以奇兵灭西蜀后，不觉有些自大起来。司马昭对他本来就有防范之心，现在看他逐渐目空一切，怕久而久之事有所变，于是发诏书调他回京当太尉，明升暗降，削夺了他的兵权。

可以这样说，邓艾虽有讨伐征战的谋略，却少了点知人、自知的智慧，他既不清楚自己处境的危险，也不明白自己何以招来麻烦。他只想到自己对魏国承担的使命尚未完成，还有东吴尚待去剿灭，因而上书司马昭说："我军新灭西蜀，以此胜势进攻东吴，东吴人人震恐，所到之处必如秋风扫落叶。为了休养兵力，一举灭吴，我想领几万兵马做好准备。"而且，他还喋喋不休地阐述自己灭吴的计划，全然不知这将引起什么后果。

司马昭看其上书心更存疑，他命人前去晓谕邓艾："临事应该上报，不该独断专行封赐蜀主刘禅。"邓艾争辩说："我奉命出征，一切都听从朝廷指挥。我封赐刘禅，是因此举可以感化东吴，为灭吴作准备。如果等朝廷命令来，往返路远，迁延时日，于国家的安定不利。《春秋》中说，士大夫出使边地，只要可以安社稷、利国家，凡事皆可自己做主。邓艾虽说比不上古人，却还不至于干出有损国家的事。"

邓艾强硬不驯的言辞更加使司马昭疑惧之心大增，而那些嫉妒邓艾之功的人纷纷上书诬蔑邓艾心存叛逆之意。司马昭最后决定除掉邓艾，他派遣人马监禁押送邓艾前往京师，在路途中将其杀害。

一世聪明的邓艾由于一时虑事不周，招人疑惧而遭杀身之祸，就是由

于其居功自傲的性情。

邓艾一片苦心，却由于自己不善内省、不明真相，糊里糊涂地被杀死，的确让人痛惜。那么，历史给予我们的思考与启迪又是什么呢？是否远离权力之争就没危险了呢？可以肯定的是，即使是在日常生活里，在企业群体中，居功自傲也并非是一件好事。因为，我们无法排除自己会不会正处在一个妒贤嫉能的人际圈子里。如果是这样，"居功"已属不妙，更何况"自傲"呢？

"伴君如伴虎"，是古人总结出来的至理名言。懂得如何与领导相处，明哲保身，充满智慧的结晶。一些人自以为有功便忘了上峰，特别容易招惹上司嫉恨。把功劳让给上司，才是明智的选择，是稳妥的自保。在官场上如此，在职场上亦是如此。

小江很有才气，编辑的杂志很有一套自己独特的风格，因此很受欢迎，还得到过一次创新奖。一开始他还很高兴，但过了一段时间，他却失去了笑容。他告诉一位朋友说，他的上司最近常给自己脸色看。

这位朋友问清楚他的情况后，指出了他犯的错误。原因是这样的：小江得了创新奖，受到了上级领导的好评，除了新闻部门颁发的奖金之外，另外给了他一个红包，并且当众表扬他的工作成绩，夸他是块主编的料。但是他并没有当场感谢上司和同事们的协助，更没有把奖金拿出一部分来请客，他的上司刘主编从此处处为难他。遗憾的是，小江不相信朋友的分析，结果三个月后就因为待不下去而辞职了。

这份杂志之所以能得奖，自然是小江贡献最大，但是他也不能独享了这份荣誉。这让上司怎么想？自然觉得他目中无人，恃才自傲。其次，小江的才华也让他产生不安全感，害怕失去权力，为了巩固自己的领导地位，小江自然就没有好日子过了。

换个角度来看，自傲对自己确实无益，除了导致人际关系紧张外，还会使自己丧失许多理性的东西。另外，由于其"功成名就"，居功自傲者身边，容易出现一些"抬轿子"的人，他们当中有些人是出自对成功者的佩服尊敬，但也不排除有那种别有用心之人。所谓上房抽梯，爬得高摔得重，正在于此。

因此，从某种程度上来讲，如何正确对待已经取得的"功"，不仅仅

是一个性格修养问题，而且是一个事关生存发展的大问题，在特定的条件、情况下，它甚至是一个有关生死抉择的重大问题。常言道："该夹着尾巴做人，就夹着尾巴做人。"在许多时候是不无道理的。

点评

不要居功自傲，不要恃才傲物，那样终会成为别人的"眼中钉"。谦虚一点，把鲜花让给别人，这才是明哲保身之道。

7. 处理难缠的问题，不妨做个
聪明的"傻子"

聪明的人知道怎样给别人留面子，在一些时刻懂得"装傻"，懂得如何不揭穿他人的谎言，免得使人下不了台。也许有人会认为这样做太傻，实不知，"傻子"才是最聪明的人。

为了不伤人面子，你可以在谈话中给对方铺台阶；可以假定双方在一开始时没有掌握全部事实。例如，你可以这样说："当然，我完全理解你为什么会这样想，因为你那时可能还不知道有这回事。在这种情况下，任何人都会这样做的。"

或者，说些"最初，我也是这样想的，但后来当我了解到全部情况，我就知道自己错了"之类的话。

一位顾客来到一家百货公司，要求退回一件外衣。她已经把衣服带回家并且穿过了，只是她丈夫不喜欢。她辩解说"绝没穿过"，要求退换。

售货员张政检查了外衣，发现有明显干洗过的痕迹。但是，直截了当地向顾客说明这一点，顾客是绝不会轻易承认的，因为她已经说过"绝没穿过"，而且精心伪装了穿过的痕迹。这样，双方可能会发生争执。于是，机敏的张政说："我很想知道是否你们家的某位成员把这件衣服错送到干洗店去。我记得不久前我也发生过一件同样的事情，我把一件刚买的衣服和其他衣服一起堆放在沙发上，结果我丈夫没注意，把新衣服和一大堆脏衣服一股脑儿塞进了洗衣机。我怀疑你是否也会遇到这种事情，因为这件衣服的确看得出已经被洗过的明显痕迹。不信的话，你可以跟其他衣服比一比。"

顾客看了看证据知道无可辩驳，而张政又为她的错误准备好了借口，给了她一个台阶，于是顺水推舟，乖乖地收起衣服走了。售货员张政的话

说到顾客心里去了，使她不好意思再坚持。一场可能的争吵就这样避免了。

有一位老师曾遇到过这样一件事：下课了，叶可心向老师反映，昨天她爸爸刚送的生日礼物——一支黑色派克钢笔不见了。老师巡视了一下全班同学的表情，发现坐在叶可心旁边的学生神情惊慌，面色苍白。可想而知，钢笔十有八九就是她拿的。当面指出吧，苦于没有充分证据；搜身吧，又不近情理。这位掌握一定攻心技巧的老师想了想说："别着急，肯定是哪位同学拿错了，黑色的钢笔实在太多了，互相拿来拿去是经常发生的事。只要等会儿她看清楚了，一定会还给你的。"果然，下课以后，那位拿了钢笔的同学趁旁人不在的时候，赶紧把钢笔送还到叶可心同学的笔盒里去了。

人们通常会为谎言寻找各种借口。你若是一个精于人际之术的"傻子"，就会知道，想戳穿对方的谎言，不仅必须使他相信你，而且必须懂得如何把他从自我矛盾中解救出来，说得他心服口服，体面地收起那套鬼把戏。

点评

> 人都有一时冲动，做错事、说错话，得罪人的时候，如果你以牙还牙，只会使事态变得更严重。说话办事不妨做一个"傻子"，顾全对方面子，会使对方产生愧疚感，主动改正错误，那你就是那个最聪明的人了！

8. 以退让开始，以胜利告终

以退让开始，以胜利告终，是人际关系学中不可多得的一条锦囊妙计。就以跳高为例，退得远，助跑长，才可能跳得高。为人处世中暂时的忍让与后退，就可以看做是以一时的"退"，来求得更长远的利益。而以退为进的关键就是要不露声色地迎合对方需要，即以对方的利益为重，又为自己的利益开道。

以退为进一直是争取胜利最好的办法。你先表现以他人利益为重，实际上是在为自己的利益开辟道路。在做有风险的事情时，冷静沉着地让一步，尤能取得绝佳效果。

求人帮忙，要求可先提得很高，结果适得其中，对方会因为没帮上你大忙而内疚，进而较易答应你较小的要求；或者循序渐进，从让他做小事开始过渡到帮大忙。因为他已对你有好感和依赖，养成了对你说"是"的习惯。

美国第一届总统华盛顿在任时，身边的副总统是德雷斯顿。这是个闲差，可是德雷斯顿却把它变成具有实权的职位。他常常在演说时讲一些他做副总统闹出的笑话，这样做的结果非但没有降低自己，反而赢得了敬佩和拥护。

先高后低，可造成你大步退让的假象；由小到大，让对方无法察觉你"先得寸后进尺"的真正意图。日常交际，多非对立，要切记"两虎相争，必有一伤"的古训，切勿火上浇油，酿成"烧了大屋"的悲剧。让人一步不为低，如果你占理又能相让，众人不但会承认你是对的，更会称道你的宽宏大量，令你达到众望所归的完美地步。

成功的第一步便是让自己的利益和意图丝毫不露，让对方因为你能投其所好而情愿做你要他做的事。

尊重并突出别人的观点和利益，这是我们欲求他人合作的最有力的法宝。人们常常不会正确使用这一法宝，是因为他们常常忘记了，如果我们过分强调自己的需要，那别人对此即便本来是有兴趣的，也会改变态度。

要感动别人，就得从他们的需要入手。你必须明白，要一个人做任何事情，唯一的方法就是使他自己情愿。同时，还必须记得，人的需要是各不相同的，各人有各人的癖好偏爱。只要你认真探索对方的真正意向，特别是与你的计划有关的，你就可以依照他的偏好去对付他。你首先应当以自己的计划去适应别人的需要，然后你的计划才有实现的可能。比如说服别人最基本的要点之一，就是巧妙地诱导对方的心理或感情，以使他人就范。如果说服的一方特别强调自己的优点，企图使自己占上风，对方反而会加强防范心。所以，应该注意先点破自己的缺点或错误，暂时使对方产生优越感，而且注意不要以一本正经的态度表达，才不会让对方乘虚而入。

有些被求者，以为帮助了别人，有恩于你，心理上会不自觉地产生一种优越感，说不定还要对求助者数落一番。当你认为自己可能会被人指责时，不妨先数落自己一番，当对方发觉你已承认错误时，便不好意思再指责你了。

美国著名政治家帕金斯 30 岁那年就任芝加哥大学校长，有人怀疑他那么年轻能否胜任大学校长的职位，他知道后只说了一句："一个 30 岁的人所知道的是那么少，需要依赖他的助手兼代理校长的地方是那么的多。"就这短短一句话，使那些原来怀疑他的人一下子就放心了。人们遇到了这样的情况，往往喜欢尽量表现出自己比别人强，或者努力地证明自己是有特殊才干的人。然而一个真正有能力的领袖是不会自吹自擂的，所谓"自谦则人必服，自夸则人必疑"，就是这个道理。

～点评～

让步其实只是暂时的退却，为了进一尺有时候就必须先作出退一寸的忍让，为了避免吃大亏就不应计较吃点小亏。退一步海阔天空，进一步悬崖万丈。

第三章

低姿态，强势弱形得人心

一个人，如何对待自己在社会中的位置至关重要。低姿态做人，沉着行事，是一种助你深耕的力量，也是一种力量的曲径展示，是一种智慧，又是一种淡泊平和的境界；低姿态做人，并非妄自菲薄，不求进取；低姿态做人，坦诚而平淡地看待自己，这样反而更容易接近目标。

1. 争取同情，以弱克强

渴望同情是人的天性，如果你想说服比较强大的对手时，不妨采用这种争取同情的技巧，从而以弱克强，达到目的。

细想想，在我们周围的生活中，那些小鸟依人的女孩总是能得到一大堆男人的怜惜。影视剧中，特别是琼瑶剧中，男主角倘若有了外遇，就可以振振有词地说："你让我觉得压抑，而她那么弱不禁风，让我更想保护她。"这都不能不说明，女人的楚楚可怜，正是中了男人的下怀。

曾经，舒婷的那首《致橡树》很是振奋了一群有志女性，鼓动她们自尊自强；木棉和橡树，也一度成为经典的情侣现象。但现在看起来，不免觉得有些一厢情愿。若是当你觉得自己不需要依附男人、争取对等的爱情时，男人可能也同样觉得你可有可无。他有可能会说，你那么坚强，有我没我，都没关系。而我需要的是一个温婉可人、小鸟依人型的女人。原来，不够柔弱，又成了罪过。

大凡男性心底都是有怜香惜玉的情怀，平常可能连自己都忽略了，甚至自己都不愿意承认这一点，但一旦遇到了导火索，就会被强势地激发出来。这种导火索，就是女人的楚楚可怜。

在我们的生活中往往能看到那些已经成名、生活过得非常富足的成名歌手，他们常常在舞台上含着热泪诉说着他们过去的艰苦生活，诸如自幼丧父、生活艰苦或者是到处漂泊，还要赡养生病的母亲等等不幸的经历。他们的这种诉说常常能博得人们的同情，能牢牢地抓住别人的心，让别人为他的成名成家在感情上加分。

日本前首相田中角荣之所以得到国民的爱戴，就是由于他来自本国落后地区，也经历了许多艰苦困难的岁月，这种人生的经历得到了国民的同情和支持。

凄凉的身世和苦难的经历，会得到别人的支持和同情，能在感情上引起别人的共鸣，有了这一点，求人办事就顺利得多。

博取同情和怜悯，会办事的人大都善于以此达到自己的目的。

听听勾践卧薪尝胆的故事吧。勾践被吴国夫差打败之后，不得不遵从吴王夫差的要求，怀着满腔的羞愧，带着送给吴王的宫廷美女及金银财宝，带着自己的王妃去吴国做囚徒。

他深深地知道，如果要复国报仇，除了忍让之外，还要以卑微博取夫差的同情和怜悯。勾践养马放牧，除粪洒扫，辛勤劳作之外，看上去没有一丝怨恨之色。历经数载，夫差终于放勾践回国了。不久，越国在勾践的治理下，越发强大，终于灭掉吴国。

求人办事，忍耐只是它的形，而通过忍耐以获取所求之人的同情和怜悯才是其神。因为只有这样，才能攻破对方的心理防线，对方才可能考虑你的要求。

即使本身不是一个仁慈的人，也难免会在弱小面前产生同情心。同情心是人类情感世界中最基本的组成部分，世界上每个人差不多都具有同情弱小和怜恤受难者的仁慈感情。利用这种人性中善良的光辉可以照亮自己的世界。用自己坎坷遭遇的愁容和凄凉悲怆的眼泪，可以使对方的感情之水为之荡漾，即便铁石心肠，也会网开一面，伸出热情之手，答应并帮助你把事情办成。

俗话说："人非草木，孰能无情？"求人帮忙的关键是要打动对方的恻隐和同情之心，这样才可以赢得他人的帮忙，你的目的才可以达到。而眼泪则是打动他人恻隐之心的最好武器。

宋太宗年间，曹翰因罪被罚到汝州。曹翰苦思返京之策。一天，宫里派了个使者到汝州办事，曹翰哪里肯放过这个机会。他想办法见到了使者，流着泪对他说："我的罪恶深重，就是死也赎不清，真不知如何才能报答皇上的不杀之恩，现在只想在这里认真悔过，来日有机会一定誓死报效朝廷。只是我在这里服罪，家里人口太多，缺少食物活不下去了，这里有几件衣服，请您帮忙抵押一万文钱，交给我家里换点粮食，以使家里大小暂且糊口。"

使者回宫如实向宋太宗作了汇报。太宗拿过包袱，然后打开一看，里

面原来是一幅美丽的画，画题为《下江南图》，画的是当年曹翰奉宋太祖旨意，任先锋攻南唐时候的情景。太宗看到此图便想起曹翰当年的功勋，心里也是非常难过，怜悯之情油然而生，于是决定把曹翰召回京城。曹翰打动人心的做法奏了效。

如果要想找人帮忙把事情办好，那么就必须在人之常情上下一番工夫，把自己所面临的困难说得在情在理，令人痛惜惋惜。因此，越是给自己带来遗憾和痛苦的地方，则越是大加渲染。这样，你所求之人才愿意以拯救苦难的姿态伸出手来帮助你，让你终生对他感恩戴德。这完全是由于大凡能激发人的慈悲之心和仁爱之心的事情，就能引起人们的同情和帮助，另外还可以使人在帮助之后产生一种伟大的济世感。

∽◎点评◎∽

> 如果要想得到别人帮助，自己就要保持一定的耐心，进而使对方对你的行为和经历表示同情和怜悯，并由此生出好感。这样，总有一天会攻克对方心中的堡垒，使之为你办一些事情。

2. "架子"越大，身份越低

生活中，爱摆架子的人比比皆是，哪怕只是当了个芝麻大的官，也要把官腔打足，官架摆足。但在别人面前摆架子，其实是最愚蠢的行为。有人说："架子"越大，身份越低。如果你总是以一副不可一世的姿态对人，久而久之，亲朋好友也必定对你敬而远之。

爱摆架子的人，容易自以为是，比较容易指点江山，挥斥方遒。他们往往是弄明白了一个问题，就误以为无所不知了；做成功了一件事，就误以为自己什么事都能做成。

殊不知，一味地装腔作势只会让别人敢怒不敢言，表面上恭恭敬敬，心里却巴望着你一头栽下去，永世不得翻身。要知道，摆架子很容易疏远彼此关系，搞不好，还会使自己"臭名远播"。

时下很多人以"老板"自居，一副高高在上的姿态，听不进员工的意见，不关心员工的想法。平时喜欢对下属指手画脚，批评时更是声色俱厉，缺少谦和的态度。不知这些老板是否清楚，他们"架子"越大，官气越足，员工就越反感，与他们的距离就越远。日积月累，不仅不利于各项工作的开展，员工的意见也会越来越大。

其实，究竟能不能当好老板，不在于"官架子"端得大不大，而在于是否具有亲和力，是否得到了员工的认可，能不能让员工真正地信服和敬仰。那些有"官样儿"的老板，事实上成了凌驾于员工之上的"老爷"，让员工敬而远之。

一位为官光明磊落、深受群众爱戴的领导干部曾经这样说过："为官不要自觉高人三等，而应自觉低人三等。"同样，做老板的也要把自己的姿态放低，只有这样才能赢得员工的心。

为人要时时小心，无论是与谁相处，即使是你的下属，也要改掉爱摆

臭架子的坏习惯。

1964 年，68 岁高龄的土光敏夫就任东芝董事长，他经常不带秘书，独自一人巡视工厂，遍访东芝散设在日本各地的三十多家企业。身为一家公司的董事长，亲自步行到工厂已经非同小可，更妙的是他常常提着一瓶一升的日本清酒去慰劳员工，跟他们共饮。这让员工们大吃一惊，有点不知所措，又有点受宠若惊的感觉。没有人会想到一位身为大公司董事长的人，会亲自提着笨重的清酒来跟他们一起喝。因此工人们赞赏地称赞他为"捏着酒瓶子的大老板"。

土光敏夫平易近人的低姿态使他和职工建立了深厚的感情。即使是星期天，他也会到工厂转转，与保卫人员和值班人员亲切交谈。他曾经说过："我非常喜欢和我的职工交往，无论哪种人，我都喜欢和他交谈，因为从中我可以听到许多创造性的语言，获得巨大收益。"的确，通过对基层群众的直接调查，不仅获得了宝贵的第一手资料，而且弄清了企业亏损的种种原因，还获得了许多有价值的建议，更重要的是赢得了员工的好感和信任。

实践证明，更具亲和力的人最讨人喜欢。他们不端"臭架子"，常常"忘掉"自己的身份，和其他人真心交朋友。他们把自己的亲和力逐渐变成了影响力，影响着其他人。

所以，我们说，有地位是好事，它是一个人工作能力和资历的体现，也是一个人事业有成的佐证；但切不可因此而趾高气扬，在亲朋和好友面前炫耀、不可一世。

第二次世界大战胜利前夕的一次进攻战役期间，美军将领艾森豪威尔在莱茵河畔散步，这时有一个神情沮丧的士兵迎面走来。士兵见到将军，一时紧张得不知所措。艾森豪威尔笑容可掬地问他："你的感觉怎么样，孩子？"士兵直言相告："将军，我特别紧张。""噢，"艾森豪威尔说，"那我们可是一对了，我也如此。"几句话，便使那个士兵精神放松下来，很自然地同将军聊起天来。

如果你想与别人融洽相处，并赢得他的尊重和爱戴，就得以一种低姿态出现在他面前，表现得谦虚、平和、朴实、憨厚，甚至毕恭毕敬，使他感到自己被尊重。这样他才会放松对你的警惕性，与你平等交流。与同

学、同事的交往更应如此，因为你们是在同一片天空下长大的人，在很多方面有相似之处。你如果总是表现出一副狂妄、傲慢的姿态，不仅不会让你在他们面前显得更高大，更有成就，而只会让你们之间的交谈变得不顺利，只会使得你们之间的关系变得更加糟糕，当然也不会赢得他们的尊重和爱戴。

有一天，华盛顿身穿没膝的大衣独自一个人走出营房。他所遇到的士兵，没有一个认出他。在一个地方，他看到一个下士领着手下的士兵正在修筑街垒。

那位下士把自己的双手插在衣袋里，只是对抬着巨大的水泥块的士兵们发号施令。尽管下士的喉咙都快要喊破了，士兵们经过多次努力，还是不能把石头放到位置上。

士兵们的力气快要用完了，石块眼看着就要滚下来了。这时，华盛顿疾步上前，用他强劲的臂膀顶住石块。这一援助很及时，石块终于放到了位置上。士兵们转过身，拥抱华盛顿，并表示感谢。

华盛顿问那个下士说："你为什么光喊加油而让自己的双手放在衣袋里?""你问我? 难道你看不出我是这里的下士吗?"那下士鼻孔朝天，背着双手，很不以为然地回答说。

华盛顿听了那下士这样回答，不慌不忙地解开自己的大衣纽扣向那个傲气十足的下士露出自己的军服，说："按衣服看，我就是上将。不过，下次再抬重东西时，你就叫上我。"那个下士这时才知道自己面前是华盛顿本人，一下子羞愧到了极点。

如果你是一个爱在人前摆臭架子的人，那么，就请你改改你的坏毛病，否则，你离成为"孤家寡人"的日子也就不远了。

～⟨点评⟩～

> "人格无贵贱，人品有高低"。人与人是平等的，即使你真的位高三等，却总端出高高的架子，在别人心里，也无异于像个小丑一样在独自表演。身份的高低，绝不是用架子的大小来衡量，切记!

3. 退一步，谦让也能为你赢得尊重

中国人常说：退一步海阔天空。的确，退一步，就是做人的至高境界。境界高的人善于化解矛盾，境界低的人常常激化矛盾。前者自然高妙，后者必然笨拙。

大家同在一个圈子里，难免时有矛盾发生。而矛盾最多也是最激烈的，往往是争利夺位，有时甚至争得势不两立、不共戴天。其实，有些东西即使费尽九牛二虎之力，你也是争夺不来的，反而两败俱伤，最重要的是误了你的"下一步"。也许这样说比较抽象，如果和具体案例结合起来，就一目了然。让我们一起看看汉代陈平和周勃互让丞相的事，对谦让的做人之境会有一些启发。

在中国历史上，有"文景之治"之说，是讲西汉的汉文帝、汉景帝励精图治，促成西汉中兴。汉文帝是个有作为的皇帝，他敬重老臣陈平、周勃，也得到了他们的有力辅佐。而陈平和周勃也互相尊重，互让相位，成为以"谦让"为做人之本的典范。

汉文帝是汉高祖的庶子，被封为代王。他为人仁慈宽厚，当残暴篡权的吕后死后，诸吕的反叛被粉碎后，朝中拥戴文帝继位。

一天，汉文帝升殿，各大臣一一叩见之后，汉文帝发现丞相陈平没上朝，便问道："丞相陈平为何不来？"

站在下面的太尉周勃站出来说道："丞相陈平正在生病，体力不支，不能叩见皇上，请皇上原谅。"汉文帝心里纳闷，昨日还见他身体好好的，怎么今天就病了？不过他不动声色，只是说："好，知道了，退下。"

退朝后，汉文帝想派人去请陈平，但又一想，陈平是开国老臣，自己应当把他当做父亲一样对待。父亲有病，儿子只能前去探望，哪有召见之理？于是文帝便到后宫换上平日穿的家常便服，到陈平家去探视。

陈平在家躺着正在看书，见汉文帝来慌忙起身行礼。汉文帝急忙把他扶起，说："不敢，朕视卿为父，以后除了在朝廷上，其他场合一律免除君臣之礼。"汉文帝环顾了一下屋里的陈设，又说："今天听太尉说您病了，特地前来探望，不知是否请过御医诊视？你年岁大了，有病可不要耽搁呀！"

文帝如此关怀，使陈平非常感动。他觉得不能再隐瞒下去了，对文帝讲了心里话："皇上太仁慈了，可我对不起皇上的一片爱臣之心，我犯了欺君之罪呀！"原来陈平并没有病，是装病。他为什么要装病呢？他不想当丞相，要把相位让给周勃。汉文帝问："为什么？"

陈平就把他让相位的理由说了出来。原来高祖刘邦在位时，为了保证汉朝宗室的传承，规定"非刘氏者不得为王"。高祖死后，惠帝懦弱，吕后不顾高祖遗训，又立吕氏家族子弟为王，使得诸吕势力越来越大，刘家的势力却日益衰微。吕后死后，诸吕结党，欲谋叛乱，丞相陈平认为时机已到，与太尉周勃共商大计，灭掉诸吕夺取政权。陈平认为新帝继位，应记功晋爵，周勃消灭吕氏集团，功劳比自己大，自己应该把丞相的位子让给周勃。但是周勃不肯接受，认为消灭吕氏集团，主谋是陈平。陈平便假装有病，不能上朝，使文帝有理由任命周勃为丞相，也使周勃义不容辞担起丞相职务。

陈平把这一切对文帝说清之后，又诚恳地说："高祖在时，周勃的功劳不如我；诛灭诸吕时，我的功劳不如太尉。所以我愿意把相位让给他，请皇上恩准。"

文帝本来不知消灭诸吕的细节，他是在诸吕倒台后，才被陈平和周勃接到长安的。听了陈平的解释，才知周勃立下了大功，便同意陈平的请求，任命周勃为右丞相，位居第一，陈平为左丞相，位居第二。

文帝想做个有作为的皇帝，他要亲自过问国家大事。一天上朝时，他问右丞相周勃："现在一天的时间里，全国被判刑的有多少人？"周勃说不知道。文帝又问："全国一年的钱粮有多少，收入有多少？支出有多少？"周勃还是回答不上来，感到惭愧至极，无地自容。

文帝看周勃答不出来，就问左丞相陈平："陈丞相，那你说呢？"陈平不慌不忙地回答说："您要想了解这些情况，我可以给您找来掌管这些事

的人。"

文帝问："那么谁负责管理这些事呢?"陈平回答："陛下要问被判刑的人数,我可以去找廷尉;要问钱粮的出入,我可以找治粟内史,他们会告诉您详细的数字。"

文帝有些不高兴,脸色沉下来说道："既然什么事都各有主管,那么丞相应该管什么呢?"

陈平毫不犹豫地回答："每个人的能力是有限的,不能事无巨细,事必躬亲。丞相的职责,上能辅佐皇帝,下能调理万事,对外能镇抚四夷、诸侯,对内能安定百姓。丞相还要管理大臣,使每个大臣能尽到自己的责任。"陈平回答得有条不紊,文帝听了觉得有道理,连连点头,露出了满意的笑容。

站在一边的周勃如释重负,十分佩服陈平的能言善辩,辅政有方,深感自己是个武夫,才干在陈平之下。他回到家里,心情久久不能平静。他想,自己虽说平定诸吕有功,但是辅佐皇帝、处理国政方面的才能比起陈平差远了,为国家、百姓着想,还是应该让陈平做丞相。于是周勃也假称有病,向文帝提出辞呈。

汉文帝非常理解周勃的心情,批准周勃的辞呈,任命陈平为丞相(不再设左丞相)。陈平辅佐文帝,励精图治,促成了汉朝中兴。陈平和周勃两位老臣,都是汉朝开国元老,却"虚己盈人",互让相位,光彩照人。他们如此不为己利,从国家社稷着想,谦虚相让,很值得今人学习。

退让是一门学问。你谦让他人,就会赢得他人的尊重,抬高你在他们心目中的地位,或许会换来另外的成功资本。如果能彻悟其中道理,退一步又何妨呢?

点评

> 有智慧的人处世总以自己的能力为基础,懂得"力所不及"和"过犹不及"的辩证法则。有些事情,你以谦让为做人之本,才能保全自己、成全自己。否则你非要与强手较劲,只能兵败如山倒。

4. 拿自己开玩笑，获得友善的支持

与人交往，该如何去跨越第一道障碍，破除彼此之间的隔阂，使双方熟悉起来，是尤为重要的。其实，如果在交往的一开始，就让对方感觉到你的善意，一切就迎刃而解了。那么怎样向别人示好才能既达目的又不失面子呢？拿自己开开玩笑，不失为一个不错的选择。

威尔逊（美国前总统）刚刚就任马塞诸塞州州长之时，曾经参加过一次纽约南社的午宴，宴会的主席对大家介绍说："威尔逊将成为未来的美国大总统。"当然啦，主席先生是不可能有这样的预测力的，这不过是他的溢美之词而已。

威尔逊在称颂之下登上了讲台，简短的开场白之后，他对众人说："我希望自己不要像从前别人给我讲的故事中的人物一样。在加拿大，一群游客正在溪边垂钓，其中有一名叫做强森的人，大着胆子饮用了某种具有危险性的酒。他喝了不少这种酒，然后就和同伴们准备搭火车回去，可是他并没有搭北上的火车，而是坐上了南下的火车。于是，同伴们急着找他回来，就给南下的那趟火车的列车长发去电报：'请将一位名叫强森的矮个子送往北上的火车，他已经喝醉了。'很快，他们就收到了列车长的回电：'请将其特征描述得再详细些。本列车上有 13 名醉酒的乘客，他们既不知道自己的姓名，也不知道自己的目的地。'而我威尔逊，虽然知道自己的姓名，却不能像你们的主席先生一样，确知我将来的目的地在哪里。"在座的客人一听都哄然大笑起来，宴会的气氛也一下子变得愉快和活跃。

那些因听了威尔逊的故事而发笑的人，大多都认为，能够让人捧腹大笑的趣闻，通常都是源自说笑话的人的自我打趣。但是，听众之中却很少有人明白，威尔逊所说的故事其实正是根据他们曾经经历过的事情改

编的。

难道威尔逊的用意仅仅是为了博人一笑吗？当然不是。事实上他是运用了一种最有力的方式获取他人对他表示善意和支持的态度，而且也把在这之前的隔阂消除了。威尔逊的这个策略就是牺牲个人的"自我"，以提升他人的"自我"。

～⊱ 点评 ⊰～

> 要知道，所有非凡的人才，都会在和民众接近之时，故意拿自己开玩笑或是不惜批评自己，以便让民众感到轻松和愉快。至少在他说话的当时，民众会感到自己比他优越，因而就会普遍地激起民众同情、爱护和支持的情感。

5. 不要显示得比对方更聪明

真正聪明的人，从来都是低调内敛的，他们从不自恃有才而骄傲自大，目中无人。俗话说："人心隔肚皮，虎心隔毛衣。"在人生的竞技场上，如果你真有才华，也千万别显示你比别人聪明，那样不仅会让你失去更多的朋友，还会招来忌恨。

在交往中，每个人都希望能得到别人的肯定。当我们让朋友表现得比我们聪明时，他们就会有一种得到肯定的感觉；但是当我们表现得比他还聪明时，他们就会产生一种自卑感，甚至对我们产生敌对情绪。因为谁都在自觉不自觉地强烈维护着自己的形象和尊严，如果有人对他过分地显示出高人一等的聪明感，那么无形之中是对他自尊的一种挑战与轻视，排斥心理乃至敌意也就应运而生。

中国人自古以来就讲究"守拙"。"守拙"即在别人面前故意掩盖自己的聪明才智，让别人觉得自己更聪明，以赢得别人的好感。可以说，"守拙"是一种掩饰自己、保护自己、积蓄力量、等候时机的人生韬略，更是一种做人的大智慧。

赵公是某市的领导。两年前的初夏，赵公去省里参加科技方面的一个会议，他决定要带个懂科学的技术人员一同前往。于是学土木工程的大学毕业生，当时在科委当干事的小钱便轮到了这个美差。

开会期间，白天的宴席上，推不掉的酒有人代喝了；会议中的科技名词，有同音译传到耳中。晚上看文件，觉得口渴，一杯热茶已放在手边；身上觉得热时，定了向的摇头电扇及时地送来徐徐的凉风。他扭头一看，对自己体贴入微的小钱正在看书，头上、脸上满是细汗珠子。

开会回来之后不久，小钱便成了赵公的秘书。

小钱当了秘书后，发现赵公爱下象棋。于是他参加了市象棋大赛，并

赢得了冠军，却谦虚地说只是随便下下。

该市棋坛不乏高手，冠军岂是随便下下就可以弄来的？从那以后，闲暇无事，赵公便叫小钱陪他下几盘棋。

其实，小钱是位家学渊源的棋手。他还没上学就跟颇有造诣的爷爷学棋。爷爷不仅向他传授棋艺，而且教诲棋德，告诫他不可恃强凌弱，如碰到棋艺不高，又以权势压人的人不可故意失棋，否则失棋即是失德。

小钱明白，根据赵公的脾气，既不能胜他，以免背上骄傲自满的罪名，也不能轻易让他取胜，让他认为自己没有本事。于是，赵公和小钱下棋，竟成了一种乐趣。每次和人说起他的秘书，老赵总说："人聪明，但不骄傲，难得。"小钱很快被提升为市委办公室主任。

第二年春天。小钱正要报名参加市象棋大赛。赵公叫他也给自己捎带报个名。赵公虽爱下棋，却从未参加过本市大赛，他怕输了，脸上不光彩，但经过与小钱这个上届冠军经常对抗，颇增了几分自信，他觉得应向全市人民显示一下自己的棋艺和智慧。

文化宫孙主任深知赵公的棋风。当年他在文化局当干事，就是因为和老赵下棋发生了争执，从此长期得不到提拔。小钱以孙主任过去的遭遇为鉴，决定要在这盘棋上做点文章。他要求赵公只参加决赛。

决赛开始了，小钱和赵公对决。经过三个多小时的拼搏，终于赵公获胜了。周围一片溢美之词。赵公也不禁露出了一副"一览众山小"的神情。

不久，赵公退居二线时，极力推荐小钱接替他的工作。他在给省委的报告中强调，小钱不仅符合提拔干部的标准，而且具有谦虚、谨慎、好学的品质。

学会"守拙"，这是一种做人的韬略。特别是当你发现自己的才能的确在别人之上的时候，尤其是这个人不是别人，而是你的上司的时候，使用这一策略更加重要。如果你表现得比他聪明，就等于否定了他的智慧和判断力，打击了他的自尊心。所以，当你完全有能力赢了上司的时候，也要守拙，不要显示出你比他更聪明。

与小钱相比，下面这位律师的做法就逊色了许多。

有一位年轻的律师，参加了一个重要案子的辩论。这个案子牵涉到一

些重要的法律问题。在辩论中，一位最高法院的法官对年轻的律师说："海事法的期限是 6 年，对吗？"律师愣了一下，看看法官，然后率直地说："不。庭长，海事法没有这项期限。"这位律师后来对别人说："当时，法庭内立刻静默下来，似乎连气温也降到了冰点。虽然我是对的，他错了，我也如实地指了出来。但他非但没有因此而高兴，反而脸色铁青，令人望而生畏。尽管法律站在我这边，但我却铸成了一个大错。居然当众指出一个声望卓著、学识丰富的人的错误。"

这位律师确实犯了一个"比别人正确的错误"。在指出别人错了的时候，为什么不能做得更高明些？所以古希腊著名哲学家苏格拉底在雅典一再告诉他的门徒："你只知道一件事，就是一无所知。"而英国 19 世纪政治家查士德裴尔爵士则更加直白地训导他的儿子："你要比别人聪明，但不要告诉人家你比他们更聪明。"

~~~ 点评 ~~~

聪明、有才华是好事，这是事业成功的资本，但是如果你把这当做向别人炫耀自己的资本，过分外露自己的聪明才华，那么终究会得不偿失，甚至会导致你人生的失败。

6. 想与同事和睦相处，就不要过分张扬

今时今日竞争日益激烈，表现自己绝没有错，但是过分张扬也是得不到好处的，只会处处给自己树敌，招人嫉恨。所以，要想与同事和睦相处，也是要讲点技巧的。要知道，表现自己的最高境界就是让人看不出你在表现。

在现代人际交往与竞争中，充分发挥自己潜能，表现出自己的优势，是适应挑战的必然选择，这并没有错。但是，表现自己要分场合、方式，不能使人看上去矫揉造作，或是很别扭，好像是做样子给别人看。特别是在众多同事面前，只有你一个人表现得特殊、积极，往往会被人认为是故意造作，推销自己，结果常常得不偿失。

在同事需要关心的时候关心；在工作上该出力的时候努力，全力以赴，才是聪明的表现。而不失时机抓住一切机会刻意张扬自己，自以为是关心别人，结果只会让同事觉得你虚假而不愿与你接近。

避免因为过分张扬而遭到同事排挤的正确做法其实很简单：

第一，过分张扬自己，不如什么也不表现。

喜欢自我张扬就像孔雀喜欢炫耀美丽羽毛一样正常，甚至有人说："张扬是人类天性中最主要的因素。"但刻意的自我表现就会使热忱变得虚伪，自然变得做作，最终的效果还不如什么也不表现。

爱张扬的人，在其谈话中不论是否以自己为主题，总有突显自己的作用。这种人虽说可能被人高估为"具有辩才"，但是也可能被认为是"口无遮拦显得轻浮"或经常想要"引人注目"等，暴露出其自我显示欲的否定面，常使别人产生排斥感和不快情绪。

据说丘吉尔虽然经常爱用夸张的词汇来自我表现，但是在关键时刻他却会说："我们应该在沙滩上奋战，应该在田野、街巷里奋战，应该在机

场、山冈上奋战——我们决不投降。"请注意,他说的是"我们",而不是"我"!

善于利用张扬个性来表现自我的人常常既"表现"了自己,又未露声色。他们与同事进行交谈时多用"我们"而很少用"我",因为后者给人以距离感,而前者则使人觉得较亲切。要知道"我们"这个字眼,代表着"你也参加的意味",往往使人产生一种"参与感",还会在不知不觉中把意见相异的人划为同一立场,并按照自己的意图影响他人。

善于利用张扬个性来表现自我的人,杜绝说话带"嗯"、"哦"、"啊"等停顿的习惯。这些语气词可能被看做对开诚布公还有犹豫,也可能让人觉得是一种敷衍、傲慢的官僚习气,而导致令人反感。

真正的展示教养与才华的自我表现绝对无可厚非,只有刻意地自我张扬才是最愚蠢的。卡耐基曾指出,如果我们只是要在别人面前表现自己,使别人对我们感兴趣的话,我们将永远不会有许多真实而诚挚的朋友。

在办公室里,本来同事之间就处在一种隐性的竞争关系之下,如果一味刻意张扬自己的独特,不仅得不到同事的好感,反而会引起大家的排斥和敌意。

第二,不要在同事面前显示你的优越性。

张扬自我的另一个误区就是经常在同事面前显示自己的优越性。日常工作中不难发现这样的同事,其人虽然思路敏捷,口若悬河,但一说话就令人感到狂妄,因此别人很难接受他的任何观点和建议。

这种人的失败多数就是因为太张扬,总想让别人知道自己很有能力,处处想显示自己的优越感,从而获得他人的敬佩和认可,结果却是失掉了在同事中的威信。

法国哲学家罗西法古有句名言:"如果你要得到仇人,就表现得比你的朋友优越吧;如果你要得到朋友,就让你的朋友表现得比你优越。"

陈思是一个人事部门的科员。在单位里,他虽然精明能干,却在很长一段时间里几乎没有一个朋友。因为他每天都在同事面前使劲吹嘘自己在工作中的成绩,每天有多少人找他请求帮忙,哪个不清楚名字的人昨天硬要给他送礼等等。但同事们听了之后不仅没有分享他的成就,反而还极不高兴。他整天却自认为春风得意,骄傲得不行。殊不知,同事们早已开始

反感他的自大和强烈表现欲，渐渐与他疏远。

在同事之间的交往上，相互之间理应是平等和互惠的，正所谓"投之以桃，报之以李"。而那些妄自尊大、张扬自己、小看别人、过分自负的人总会引起别人的反感，最终在交往中使自己走到孤立无援的境地，别人都敬而远之，甚至厌而远之。

点评

> 职场上，特别是在同事面前，必须学会谦虚，不要太过张狂。要让自己的表现显得合情合理、恰如其分，以避免同事对你产生哗众取宠的印象，这是赢得同事尊重的有效方法。

7. 自降身份，在低起点上胜出

在当今这个社会，越来越多的人自命不凡。他们心态浮躁，不肯从最基层做起，迫切地想用一些实际的东西来证明自己的能力。有些人往往对许多事情都看不上眼，也不屑于去做。这样做的结果，只能是"命比纸薄"。所以我们不妨在定位的时候，把自己放低一点，这样反倒会收到很好的效果。

不要以为自己是硕士，是博士，自然就会比那些专科、本科生的起点高，因而心比天高，不可一世。

要知道，世界上不缺少自命不凡的人，缺的只是踏实、讲究实际的人。有些人永远高扬着姿态，对那些平凡岗位的角色丝毫没有兴趣；他们认为自己应该找一份和自己能力"匹配"的工作，但是结果又常常事与愿违。

邵峰是博士毕业的高才生，在经过无数次的择业碰壁之后，决定换一种方法找工作。他收起所有的学位证明，自降身份，去找一份工作。

结果出乎意料，他很容易地进入了一家电脑公司，做一名最基层的程序录入员。没过多久，上司就发现他才华出众，竟然能指出程序中的错误。这个时候他把自己的本科学位证书拿了出来，于是上司就给他调换了一个与本科生水平差不多的工作。

没过多久，邵峰在新的岗位上也游刃有余，比一般大学生高明。这时他又亮出自己的硕士身份，老板又提升了他。从此以后，老板就开始注意他了，发现他应付现在的工作仍然绰绰有余，于是就再次找他谈话。这时他才拿出博士学位证书，并说明了自己这样做的原因，老板这才明白怎么回事，更对他的低调和谦虚赞不绝口。理所当然地，邵峰在这个公司里受到了重用。

你比别人强，还有比你更强的；你本科毕业，比那些专科毕业生有优势，可是站在你后面的就是硕士研究生，硕士研究生后面还有博士生。总之，山外有山，楼外有楼，在强者如云的队伍里，要想胜出谈何容易！

这时候，不妨进行逆向思考，在大家都向高处拥挤的时候，你何不放下身架，降低身份，在低起点上胜出呢？

如今，走出校园的大学毕业生已不再是"象牙塔"里的"天之骄子"，他们承受着巨大的就业压力。在激烈的就业竞争中，理想的职业固然重要，但在没有更好选择的前提下，暂时屈就也是权宜之计。

沈城是一名毕业于湖南师范大学的本科生，如今他是浙江某建筑公司的一名经理。在外人看来，像沈城这样毕业于师范院校的大学生，应该去做老师才对，怎么当起了建筑工人呢？

原来，在大学里学物理专业的沈城，毕业后，由于所学专业比较冷门，辗转于人才市场一个多月也没找到合适的工作。后来，他和同学跑到浙江省，想在那里闯一闯。当他听说某建筑公司招工人的时候，他决定放低姿态，先从工人干起。虽然工作在基层很辛苦，但通过自己的努力，在短短的两年时间里，他从钢筋工人做到了管理层，当上了经理。

回首这一路走来，沈城感慨地说道："不管从事什么行业，只要不过高估计自己，放低姿态，努力了就会有回报。"

在就业形势日趋严峻的今天，对于刚走出校门跨入社会的大学生来说，"毕业"就等于"失业"。因此，大学毕业生们不应该再像过去那样，一味追求"高薪"和"高职"，而是应该转变战略，放低姿态，主动去适应社会。只要你是金子，那么你在低起点上一样有胜出的机会，而且胜出的机会将更多！

一个人在社会上求生存，即便你有自己的优势，你也不可能恰巧遇到发挥自己长处的机会，除非你正好遇到伯乐。这时候，就要学会弯腰，从基层做起。这就像当你遇到一个很低的门的时候，你昂首挺胸地过去，肯定要给脑袋碰出一个包来；明智的做法只能是弯一下腰，低一下头，让很低的门显得比你高就成了。

只要你能放得下身份，你的竞争对手就不再是那些一个比一个自命不凡的强者，更多的是那些踏实、谦虚的专科生或者本科生。只要你是金

子，在哪里都会发光的。但若是在一大堆金子中发光，就很难有人发现你；你若在一堆石子中发光，那么别人一眼就能看到你。

可见，学会在适当的时候，保持适当的低姿态，绝不是懦弱的表现，而是一种智慧。放低姿态既是一种态度也是一种作为。学习谦恭，学习礼让，学习盘旋着上升，这既是人生的一种品位也是境界。让我们脚踏实地地攀上成功的阶梯。

~~点评~~

今天，社会竞争格外激烈，如果你想高人一等，就得先低人一头，降低身份，表现得谦虚、平和、朴实、憨厚，甚至愚笨、毕恭毕敬。你的低姿态虽然把自己的身价放低了，但是你使对方感到了是受人尊重的，比别人聪明的，那么他自然会对你留下好的印象。

8. 想得到帮助就要甘于"示弱"

当你向人们承认自己的短处和弱点时，人们会信以为真，并立即接受你；相反，对"王婆卖瓜，自卖自夸"式的宣传，人们常常持怀疑态度，只能招人反感。示弱就像承认自己的短处一样，能给人一种坦诚的好印象，能够解除别人对你的戒备心理，赢得信任，甚至还会主动地去帮助你。

几乎每个人都有好强的心态，没有人愿意承认自己的短处和弱点。人人心里都巴不得自己是最强大的、最优秀的、最聪明能干的。但是山外有山，人外有人，竞争无处不在，所以在特定情况下公开承认自己的短处，有意暴露某些方面的弱点，常常是一种有益的处世之道。

示弱可以是个别接触时推心置腹的长谈、幽默的自嘲，也可以是在大庭广众之下有意以己之短，补人之长。如果你碰到的是个有实力的强者，而且他的实力明显高于你，那么你不必为了面子或意气而与他争强。因为一旦硬碰硬，固然也有可能战胜对方，但毁了自己的可能性却更大。

苏东坡在评论汉初三杰之一张良的名篇《留侯论》里曾经说过："古之所谓豪杰之士者，必有过人之节。人情有所不能忍者，匹夫见辱，拔剑而起挺身而斗，此不足为勇也。天下有大勇者，卒然临之而不惊，无故加之而不怒，此其所挟持者甚大，而其志甚远也。"

在日常生活中，我们常用"毫不示弱"来形容一个勇敢的人，但时时处处不示弱的人能得一时之利，却难以成为最终的成功者。倒是有些人，凡事低调，不逞能，不占先，心境平和宽容，不受外人干扰，处之泰然，最后取得成功的还是自己。看来人有时候就得示弱，以避其锋芒，养精蓄锐，蓄势待发。其实这与古人的韬光养晦是一致的。向人示威是人人都会的，向人示弱却是少数人才会的。因为这更需要智慧和勇气。

同样，学会低头和示弱有异曲同工之妙。

在人生的道路上，固执地去执著某些方面，以不屈不挠、百折不回的强者精神坚持到底，结果却输掉了自己。所以，用平和的心态，学会示弱和低头，才是最佳的选择。

因为示弱可以减少乃至消除别人对你的不满或嫉妒，也可以使别人放松对你的警惕性。这也是欲盖弥彰的糊涂学。事业上的成功者，生活中的幸运儿，被人嫉妒是必然存在的。在一时还无法消除这种社会心理之前，用适当的示弱方式可以将其消极作用减少到最低限度。示弱能使处境不如自己的人保持心理平衡，有利于团结周围的人们；示弱能表现一个人实事求是的作风，客观上给积极进取者以鼓励。

示弱可以是个别接触时推心置腹的交谈、幽默的自嘲，也可以是在大庭广众下，有意以己之短，衬人之长。示弱有时还要表现在行动上。自己在事业上已处于有利地位，获得了一定的成功，在小的方面，即使完全有条件和别人竞争，也要尽量回避退让。也就是说，事业之外，平时对小名小利应淡泊疏远些。因为你的成功已经成了某些人嫉妒的目标，不可再为一点微名小利惹火烧身，应当分出一部分名利给那些暂时的弱者。

示弱是强者在感情上体贴暂时在某些方面处于劣势的弱者的一种有效的手段，它能使你身边的"弱者"有所慰藉，心理上得到平衡，减少或抵消你前进路上可能产生的消极因素。

点评

> 把表面的风光让给别人，把沉甸甸的实惠留给自己，何乐而不为！人不太容易去改变自己条件的强或弱，但却可以用示强或示弱的方式，为自己争取有利的位置。

第四章

听人言,固执己见吃大亏

俗话说人无完人,一个人的观点永远不能尽善尽美,集合大家的智慧才能创造更完美的成功。坚持自己的意见也许不是坏事,但刚愎自用的人是不会看到更广阔的天地的。聆听别人的劝告,接受他人的意见,往往就是你走向成功的开始。

1. 要有从善如流的胸襟

做人要有从善如流的胸襟，尤其是领导，虽位在众人之上，但也并非是万能的，毕竟一个人的力量是有限的。俗话说得好，"三个臭皮匠顶个诸葛亮"。集思广益、从善如流，以补自己的不足之处，这样既显得民主又显得胸怀广阔。

古人云："人非圣贤，孰能无过？"许多人就拿这句话当做挡箭牌来安慰自己，原谅自己。是呀，圣贤都会做错事，何况我们凡人呢？

要知道，虽然人人都会犯错，但错误既已是错误，原谅不原谅都是其次的问题，最重要的就是如何改错的问题。错误必须找出来，必须改进，必须防止再度发生。至于追究责任，只是惩前毖后，并没有积极改错的作用。

一个人的成功，一定是取决于他能够随时检讨自己，随时改正错误，而不是"没有错"。事实上世界上没有不犯错误的人，而只有不知错误、知错不改或知错改错的人。一个人可能产生错误的地方太多了。比如进货是不是太多，造成滞销？是不是货色太偏了，致使缩小了顾客群？是不是服务态度怠慢了，引起了顾客的不满？是不是商品的陈列太过零乱，以致引不起顾客的消费欲？是不是管理作风恶劣，致使职工工作情绪低落？

生意人的一生，会犯的错误种类繁多，但是总归一句话，最大的错误莫过于经营失当。

身在商场、职场，最大的错误就是刚愎自用，而这种错误又以领导中最为常见。这种领导总以为员工是自己用钱雇来的，叫他们怎样他们就得怎样。他们把员工的劳力当成商品，可以用钱交换；而不是把员工当成和自己一样是有感情、有眼光、有智慧、有创造力的人。

事实上人不是神，再怎样伟大的"董事长"都不可能是三头六臂、全

71

知全能的"超人"。一家公司如何走上轨道,如何遵循既定的经营方针稳步前进而不出轨道?如何在经营发生困难时检讨出错误?如何在知道错误之后悬崖勒马、改弦更张?所有经营上的秘诀都在这里。

当然职工所提的谏言、建议未必都是正确、有用的,但是经营者的风度就表现在对于那些错误的、无用的谏言的包容能力。因为如果你不能包容那些错误的、甚至有害的发言,那么那些正确和有用的建议就不会从职工的口中吐出来,职工的眼光、智慧、创造力就会被扼杀而不能对你的经营有丝毫的帮助。

凡事都是相辅相成、好的和坏的同时存在的。一个经营者负责整个事业都不能绝对正确,那么又怎能以绝对正确要求职工呢?

～点评～

没有人能一眼就洞察明日的流行趋向,一眼就看透消费者的心理,更不能一下就准确地掌握经营方针。唯一能够弥补这个美中不足的办法,就是弘扬民主作风,集思广益,从善如流,察纳雅言。

2. 放弃无谓的固执

坚持是一种良好的品质，但在有些事上，过度地坚持，会导致更大的浪费。有的时候，放弃无谓的固执，才是最明智的选择。

坚持但不能过分，不知权变，没有韧性。我们应该多有一点韧性，能够在必要的时候弯一弯、转一转。太坚硬的东西容易折断。唯有那些不是很坚硬，而具有更大弹性的人，才可以克服更多的困难，面对更多的挫折。

做事前，先确定目标是必需的。但当你确定了目标以后，一定要鉴定一下自己的目标，或者说鉴定自己所希望达到的领域。如果你决心作一下改变，就必须考虑到改变后是什么样子；如果你决定解决某一问题，就必须考虑到解决问题中可能遇到的困难是什么。

定了目标后，你必须研究一下达到该目标所需的时间、财力、人力的花费是多少，你的选择、途径和方法是否可行。只有经过检验，方能估量出目标的可实现性。你必须确定自己的目标是可行的，否则，你就要量力而行，修改自己的目标。

成功者的秘诀是：随时检查自己的选择是否有偏差，合理地调整目标，放弃无谓的固执，轻松地走向成功。

有人认为：如果没有成功的希望，屡次试验是愚蠢的、毫无益处的。

在人生的每一个关键时刻，审慎地运用智慧，作最正确的判断，选择正确方向；同时别忘了及时审视选择的角度，适时地调整，放弃无谓的固执，冷静地用开放的心胸作出正确抉择。每次正确无误的抉择将指引你走在通往成功的坦途上。

有的人失败了，不是没有本事，而是选择错了，定错了目标。成功者为了避免失败，时刻检查自己的目标，作出另一种抉择，是合乎实际，合乎道德的。

有这样一个教育故事。从前，有两个贫苦的樵夫靠上山打柴糊口。有一天，他们在山里发现两大包棉花，两人喜出望外，棉花价格高过柴薪数倍，将两包棉花卖掉，足可供家人一个月衣食无忧。当下两人各背一包棉花便赶路回家。

走到半路，其中一名樵夫眼尖，看到山路上另有一大捆布，走近一看，竟是上等细麻布，足有十多匹。他欣喜之余，和同伴商量，一同放下棉花，改背麻布回家。但他的同伴却有不同的看法，认为自己背着棉花已走了大段路，到了这里丢下棉花，岂不枉费了自己先前的辛苦，坚持不愿换麻布。发现麻布的樵夫屡劝同伴不听，只好自己竭尽所能地背起麻布，继续前行。

又走了一段路后，背麻布的樵夫望见林中闪闪发光，走近一看，地上竟然散落着数坛黄金，心想这下真的发财了，赶紧邀同伴放下麻布和棉花，一起挑黄金。他的同伴仍是那套不愿丢下棉花以免枉费辛苦的论调，并且怀疑那些黄金不是真的，劝他不要白费力气，免得到头来一场空欢喜。

发现黄金的樵夫只好自己挑着两坛黄金，和背棉花的伙伴赶路回家。走到山下时，下了一场大雨，两人在空旷处被淋了个湿透。更不幸的是，背棉花的樵夫背上的大包棉花，吸足了水，重得无法再背得动，那樵夫只好空着手和挑黄金的同伴回家。

虽然，这只是一个教育故事，也许有很多人说现实中不会有这种事。其实不然，现实中是不可能出现和故事一模一样的事情，但是，和故事寓意类似的事却是很多。有可能我们就是这个背棉花的樵夫，只是我们自己无法跳出来认清而已。

由此，我们可以看出，有的人失败，不是没有本事，而是选错了目标又没有及时调整。

〰〰❧ 点评 ❧〰〰

人们时常钻进牛角尖而不知自拔，看不到新的解决方法。成功者的秘诀是随时检视自己的选择是否有偏差，及时合理地调整目标，放弃无谓的固执，轻松地走向成功。

3. 虚心接受别人的善意忠告

"忠告如雪，下得越静越长留心田，也越深入心田"。在人的一生中，总是蕴藏着或多或少这样那样的问题。当有人在我们出现问题的时候，及时给予我们忠告，我们一定要正视它，寻求解决之道。如此，才能使我们的人生更有意义。

人非圣贤，孰能无过？我们每个人在性格或在待人处世方面，总难免有不曾发觉的死角或是一时疏忽。若在此时，有人提醒我们的缺点，我们应衷心感激。所谓朋友之道，贵在劝导善意忠告。善意忠告是别人送给你的最贵重的礼物。

古人云："良药苦口利于病，忠言逆耳利于行。""人受谏，则圣；木受绳，则直；金受砺，则利。"然而现代社会，能够直言不讳地指责他人缺点者已日渐减少。

大部分人在一般情况下都不愿意冒着使别人恼恨的危险去善意忠告别人，而都抱着独善其身的态度漠视一切。追究其原因，如果人人皆能诚恳、虚心地接受别人的善意忠告，而且人人都期待他人的善意忠告，则又会是一种什么样的景象呢？

其实，真正能够苦口婆心地劝告我们、指责我们的人是谁呢？不外是父母、师长、兄弟、妻子、朋友或子女等。他们的目的无非是希望我们在人际关系上更圆满，在事业上更成功。

自古忠言逆耳。大多数人对于善意忠告总是有一种逆反心理，从而导致原有的密切关系破裂。从某种程度上说，善意忠告的确是一件危险的事情。如在这种情况下仍有不顾后果提出善意忠告者，一定是对我们怀有深厚感情之人。一个从来不曾受到他人善意忠告的人，看似完美无缺，实际上可说他是一个无良好人际关系的真正孤独者。

从另一个角度来说，善意忠告者也能从你的态度中得知你是否是一个坦诚的人，或是个骄傲自大的人，或冥顽不化的人，进而影响对你整个人格的评价。一个谦虚上进、追求完美的人一定是个能够接受任何善意建议的人。如此，即使是与你只有点头之交的人，也将乐于对你提出善意忠告。

具体而论，接受别人的善意忠告，应把握以下几点：

（1）不逃避责任。

别人善意忠告你时，如果你"但是"、"不过"、"因为"等如此一味地辩解，或急欲掩饰过错、保护自己，只会使你的过失更加严重，使存在的问题变得更加复杂，从而无法寻找正确的解决之道。

（2）不强词夺理。

有些人在犯错误之后，受到长辈的指责，非但不思悔改，反而理直气壮地陈述自己的不正确的理由，说："你也曾年轻过呀！难道你年轻时就那么十全十美从没犯过错误吗？"如此的态度将使长辈甩袖而去，再也不管你的事了，这对自己有害无益，而且将会阻碍你人格的发展。

（3）不自我宽恕。

许多人遭到失败时，总是替自己找许多理由和借口来宽恕自己。或认为不是自己能力不高，而是时运不济等等。如持这种态度，则最终仍将无法克服自己的缺点，而使自己更显孤立。对于别人的善意忠告不要漠然置之，必须表现出乐于坦诚接受的态度。

（4）对事不对人。

对于别人的善意忠告，应仔细反省其所指责的事物，而绝不应该耿耿于怀。敞开胸怀接受批评，彻底反省、思过、改进，接受善意忠告并善加活用，使他人的善意忠告成为自我成长的原动力，这才是一个聪明人应持的正确的处世态度。

点评

受到善意忠告正说明周围有人在关心你。"不闻不论，则智不宏。不听至言，则心不固"。所以，一定要报以虚心的态度去接受，坦然面对；否则，你的朋友将会弃你而去。

4. 反对意见也要听

　　环顾我们生活的社会，我们会十分明显地感受到一点，要想使每个人都对自己满意，这是十分困难而且不大可能的。要知道，无论你的主观意愿如何，反对意见总是在所难免的。你的每一个观点，都会有与之不同甚至完全对立的意见。

　　因此，对常人来讲，不管你什么时候提出什么意见，有50％的人可能提出反对意见，都是一件十分正常的事情。当你认识到这一点之后，你就可以从另一个角度来看待他人的反对意见了。

　　当别人对你的话提出反对意见时，你千万不要因此而感到情绪消沉，或者为了赢得他人的赞许而即刻改变自己的观点。相反，你应该意识到自己刚巧碰到了属于与你意见不一致的50％中的一个人。只要认识到你的每一种情感、每一个观点、每一句话或每一件事都总会遇到反对意见，那么你就可以摆脱情绪低落的困扰。当你做事之前已经预想到某种后果，而一旦出现这种后果时，你就不会出现很大的情绪波动，或者措手不及。因此，如果你知道会有人反对你的意见，你就不会自寻烦恼，同时也就不会再将别人对你的某种观点或某种情感的否定视为对你整个人的否定。

　　实际上，如果有50％的人对你感到满意，这就算一件令人愉悦的事情了。要知道，在你周围，至少有一半人会对你说的一半以上的话提出不同意见。只要看看西方的政治竞选就够了：即使获胜者的选票占压倒数，但也还可以发展新的思想，提高自我价值。这是你可以采用的最为有效的办法。

　　你可以主动寻求反对意见，同时努力使自己不因此而烦恼。选择一个肯定会提出不同意见的人，正视他的反对意见，沉着而冷静地坚持自己的观点。你将逐渐学会不因反对意见而感到烦恼，并且不轻易改变自己的观

点。你可以对自己说，早已预料到了这种"对立"，他完全可以有他自己的看法，这与你实在没有任何关系。通过寻求，而不是回避反对意见，你将逐步掌握有效对付反对意见的各种方法。

在答复反对意见时，以"你"字开头。例如，你注意到对方不同意你的观点，并且开始生气了，不要立即改变自己的观点，也不要为自己辩解，仅仅回答说："你认为我的观点不对，所以你有些恼火。"这样将有助于你认识到，表示不赞同的是他，而不是你。在任何时候都可以用"你"字开头的办法，只要运用得当，就会取得意想不到的效果。在讲话时，你一定要克制以"我"字开头的习惯做法，因为那样会将自己置于被动辩解的地位，或者会修正自己刚刚说过的话，以求为他人所接受。

别人如果提出有利于你的意见，尽管你可能不大欣赏，也还是应该表示感谢。表示感谢便消除了任何寻求赞许的因素。例如，你丈夫说你太害羞，他不喜欢你这样。不要因此就努力通过行动而使他满意，只要谢谢他给你指出这一问题便足够了。这样一来，就不存在寻求赞许的问题了。

如果你认为某个人企图通过不给予赞许来支配你的思想，不要为了求得他的赞许而含糊其辞、言不由衷，应该直截了当地向他大声说："通常我不会改变观点，你要是不同意，那只有随你的便了。"或者可以说："我猜你是想让我改变我刚才所说的话。"提出自己的看法这一行动本身有助于你控制自己的思想和行为。

点评

有些人自以为是，不肯接受别人的反对意见，所以根本无法克服自己的弱点，更无法取得事业的成功。而综观成功者，必是乐于接受反对意见之人。

5. 放弃固守己见的坏习惯

　　无论在社会上还是在职场中，不喜欢听取别人意见的大有人在。他们一般心目中只有自己，而且还自以为比别人高明，事事要占上风，好出风头。

　　如果你这样做，就是根本没有给别人留下一点余地，而采用趾高气扬而又蛮横的方法，使别人感到窘迫，无路可走。明智的人会不同你一般见识，而不理智的人则会对你的做法大加指责。所以，即使是你有很大的本事，见识比别人高明，也绝对不能使用这种态度。否则，你将人缘尽失。

　　如果你是一个有这种坏习惯的人，所有的朋友和同事，肯定没有一个人向你提供意见和看法，更不敢向你进一步提出忠告。也就是说，人们不想接近你，并且有时会对你产生望而生厌的情绪。那么你就应当有自知之明了，应逐渐改变这种不良习惯。

　　你应当明白，在日常的人际交往中，谈论的话题十有八九不是学术性的问题，或国与国之间的外交上的原则性问题，所以是非标准性的。这样，你的意见和看法并不一定是正确的、合理的，而别人的意见和看法也不一定是错误的、无价值的。

　　日常的交谈，多出于消遣，大可不必认真，大家说说笑笑便罢。当然，希望你也不要自作聪明，对别人不要随便说教。即使是你的说教有一定的见解，人家也会很不乐意接受。就算要对别人说教，也应当婉转，采用征询的口气说出你的看法、见解，人家才比较容易接受。所以，你不要随便摆出架势来教导人家。

　　谈话的目的是在于了解一下别人对某一件事情的意见和对社会世事的看法，以便增加双方的了解，增进朋友之间的友谊，使大家都对生活感兴趣，使大家的感情都得到安慰。如果发现与对方的意见、看法不一致，也能从中得到启发和学习，对方也会感到刺激和满足。如果听见别人的意见和看法同你一样时，你要立刻表示赞同，不要迟疑。不要认为这样做是为了讨好对方，也不要认为这是随声附和，因此就不吱声了。假如不吱声，反而使人觉得你与对方的意见相反，或者是没有主见了。

朋友、同事向你献计献策，即使不赞成，起码也要表示可以考虑考虑，这种场合，是不可马上提出反驳的。和朋友聊天时，更应当注意，不可太固执己见，这样很容易把一切有趣的事情变成乏味的。要是对方真的犯了错，又一时不肯接受指正、批评或劝告，应往后退一步，不要急于提出来，把时间延长一些，隔几天之后或更长时间再说。否则，若双方都很固执己见，不仅不会取得成效，还会造成僵局，伤害双方的感情。

点击

> 要在如今的社会立足，就应学会谦虚。不要太过于高傲，要随时考虑别人的意见。更不要显得太固执，应该让人们都觉得你是一个可以谈话的人，这样做才合乎情理。

做人要活 处世要圆

ZuoRenYaoHuo
ChuShiYaoYuan

6. 有自信，但不能刚愎自用

相信自己是成功的前提条件。在漫长而又崎岖的人生道路上，人生之路不管怎样走，都要靠自己去完成。别人不管怎样都只能作为你的一个借鉴，不可能在人生中取代你，所以你永远是自己人生的主角，要永远相信自己能行。

只有相信自己，才有战胜敌人的勇气和向前冲的动力。因为相信自己，既而努力奋斗成就大业的人是非常多的。李白有"天生我材必有用"的自信，从而成为中国历史上的一代"诗仙"，将自己豪迈而又慷慨的诗句流传千古，成为后世学习的楷模。我国伟大领袖毛泽东，因为有"数风流人物，还看今朝"的自信，领导了中华民族的革命，从而赢得了1949年中华人民共和国的成立，使中华民族屹立于世界民族之林，焕发出耀眼的光芒。由此可见，古今中外成就大事业者都是敢于相信自己和勇于奋斗的人。

但是，虽然相信自己是成功的前提，听取别人的意见却是走向成功必不可少的条件。如果一味刚愎自用，不听人言，自是难以取得成功的。

有位将军，领兵作战二十余年从未有过败绩，他熟读《孙子兵法》和《六韬》，并且对历代阵法颇有研究，打起仗来更是英勇无敌，的确是一员不可多得的勇将。他的赫赫战功令敌军对他的名字闻风丧胆，所以，他很受皇帝的器重，掌握着全国的兵权，成为"一人之下，万人之上"的重要人物。

这位将军手下有个谋士，此人足智多谋，从将军带兵打仗时，便跟随其左右，为他出谋划策。将军和这位谋士亲如兄弟，不分彼此。

有一天，将军接到圣旨，说邻国敌军带兵来犯边境，命令将军立刻带兵迎敌。

将军接旨后不敢怠慢，立即点齐兵马准备出发，谋士自然跟随前往。

两军对垒，将军连胜数阵，把来犯的敌军打得落花流水、抱头鼠窜。皇帝闻知这个消息后，特意派人送来千两黄金以示嘉奖。

将军高兴得嘴都合不拢了，拉着谋士说今晚要一醉方休！但出乎将军意料的是，谋士并没有显现出高兴的神情，而是一脸的愁容。

谋士沉思了片刻，对将军说："你不觉得这场仗打得很蹊跷吗？原来我们和敌军交战时，有过这样轻松取胜的记录吗？从来没有过。敌军既然来犯，势必来势汹汹。可是，我感觉好像他们全都无心恋战似的，这很不正常。我认为，今夜他们一定会来偷营劫寨，我们还是小心些好呀。"

将军心里甚是不快，但是看在谋士一直为自己出谋划策的分上，没有反对。晚上让人轮流值班，不可懈怠。一个漫长的不眠之夜就这样在平安中度过了，什么事都没有发生。将军的脸色由红变白，又由白变灰，最后铁青着脸看着谋士，一句话都没有说。

当夜，将军又提议饮酒，谋士依然把他拦住，诚心诚意地对将军说："古语云，'兵不厌诈'，我们还是小心些好。不如我们轮班站岗，这样将士们可以保证充足的睡眠，还能防患于未然。"

这回将军没好气地说："你真是过于多虑了，你要是想守夜，你自己去守吧。"说完，将军就命令备上酒席，全体将士晚上来个一醉方休！

谋士还想再劝，将军挥了挥手，让他退下去了。谋士摇摇头，带着为数不多的几个士兵去看守营寨。

半夜时分，敌军果然来了，以迅雷不及掩耳之势夺取了将军的大营，大部分将士还在沉醉中便丧失了性命，谋士终因寡不敌众而战死。

将军抚着谋士的尸体悔恨交加，最后拔剑自刎了。

一个人如果经常听取别人的意见，会使自己增长很多的见识，会让自己少走很多的弯路，获得更多的时间去追求完美，更好地走向成功。秦国之所以能统一全国，皆是因为历代秦王都能听取百里奚、商鞅、张仪等重臣的意见，而使秦国壮大，既而成为中国历史上让世界瞩目的一个王朝。我国历史上的唐太宗，就因为以史为镜，听取魏征等一班诤臣的意见，从而在中国历史上留下了"贞观之治"的壮举，成就了自己的大业。由此可知，做大事，一定不能刚愎自用，唯有多听取别人的意见，才是走向成功的关键。

点评

相信自己，但不能不切实际地夸大自己的力量，不能刚愎自用地固执己见。要知道，在通往成功的道路上，自信与听取别人的意见是同样重要的。

7. 做一位善于纳谏的领导

无论是外企公司或是政府机关，领导的身份都是很特殊的，他是管理人和决策人，高高在上。他必须有高屋建瓴的目光、果决的判断力，及时地作出英明的决定。因为人人都希望自己的存在价值得到承认，特别是当领导的，这种心情更为迫切。

当领导的都希望部属在任何时候都对他的存在价值给予肯定，而恰恰是这个原因导致了领导与部属无法有效地沟通。既然是领导，总是不太愿意接受别人的意见，无论这意见是积极的批评还是建设性的意见，或是不着边际的"满嘴跑火车"。因为只要有你的建议的存在，就意味着领导存在的价值正在削弱。

因此，大多数的领导总是相信自己有独到的见解——这正是他是领导，而别人却不是的原因。如果下属没有不同的看法，或不敢直言，那就没什么可说的。但下属根本不可能没有意见，也不可能没有人敢直言，所以领导往往徘徊于采纳和不采纳之间。

一味地拒绝别人的意见，是这些领导在努力地维护自己高大形象的表现。他们极力突出自己的优秀品质，但却没有认识到自己是在不遗余力地避免别人抢在他们的前面。因为他们要扮演自己职位所要求的角色，以免让人把他们当做是软弱无能的领导。

其实，真正高明又有经验的领导并不这样认为。作为管理者，领导更多的时候应该在倾听，然后不断地接受、采纳各种意见。

善于纳谏的领导不怕被下属左右；相反的，他更加积极地聆听下属和其他人的意见，更能广泛听取、接受意见。他也不在乎接受别人的意见影响自己存在的价值，公司是大家的，只要对公司有益就可以接受，而唯一要做到的就是对众多的意见进行比较、鉴定，以其是否有价值为标准来取舍。而且善于纳谏的领导偏爱那些敢于直言的人，尤其是重用那些当初建议未被采纳，但实践证明是正确的下属。

善于纳谏的领导能真正做到接受别人的意见，无论意见正确与否，他们都能够耐心倾听。作为一位善于纳谏的领导，他能保持不断成功的一个重要因素就是正确认识失败。决策是身为领导的一项主要职责，他所做出的正确决定应该大大多于其错误的决定。

另外接受下属的意见可以激励下属的自信心，如果没有这种自信心，他们就不会去积极地思考，对公司来说也是无益的。自信增强了下属的主动性和判断能力，这对公司而言便意味着创造性和利润。

在许多公司或企业里，虽然也存在领导"独断专行"而获得成功的例子，但善于纳谏的领导充分相信，在绝大多数情况下，领导是因为接受了别人的意见而走上正确的成功之路。

松下幸之助先生一向很乐意听取员工的意见，他常常对员工表示，请大家把各自所想的事情，积极地说出来。

松下先生说："任何公司、商店，如果要提高经营的效果，最重要的事情就是'员工和睦'。所以松下公司的信条，也以此为第一。要把这个'人和'反映在经营上，最好的方法是，任何一个人，只要他认为是对本公司有益的事情，不论是大是小，就请不客气地向主任或社长提出建议。经营的领导者要虚心听取各位的意见，然后把它们综合研究，才能产生合理的意见。不过，有时候，各位所提出的美好构想可能会因为某种原因而不能立刻采用，可是我们一定会找一个适当的时期，使它实现。请不要以为'我的建议，却不被采用'。"

松下先生认为，该反对的就要反对。但是，在左右为难，实在不知道是好是坏时，他多数是表示愿意接受建议的，通常会说："实践是检验真理的标准，你去试试看吧。"因此，松下电器的员工都快快乐乐地工作着。

使部属有干劲，培养部属成为有自主性的人才，可以说是人事工作中，带领部属时最重要的事情，也可以说是造就人才的根本。这个主题，怎么说也说不完。对此，松下先生强调"要使部属说出意见来，是很重要的一步"。

点评

做一位善于纳谏的领导，应该期盼并鼓励下属积极主动地去工作。只有通过这种方式才能获得经验。或许这种采纳建议的方式在早期阶段花费较大，但从长远看是必要的。

8. 征询别人的意见，是走向成功的捷径

也许你常常把自己能独断独行，当做一桩可以骄傲的事，而把听取他人的意见当做是无能的表现，其实这是一个莫大的谬见。当人家提供许多意见来供你参考时，正是你可以用来把事情做得更加完美无缺的机遇。如果你错过了这种机遇，蒙受最大损失的，不是别人，正是你自己。

在第一次世界大战时，鲁宾孙上校正在前线督战，属下有两个违反军纪的军人，逃到德军前线去了。鲁宾孙立刻命令队伍中的一个上尉，带领一支兵马，前去将犯人捕回。但这个上尉是个有勇无谋的人，事先既不周密计划，也不征询别人的意见，单单仗着那股愚勇，草率地前去血战，结果吃了一场败仗，全军覆没。

在失败的消息传来后，鲁宾孙只好再任命另一位上尉，率领另一支兵马前去。这个上尉就深明成功的诀窍，他先去找一位法国军官，把自己将要实施的计划告诉了他，并征询他的意见。那位法国军官当然乐于指教，便根据自己的经验，告诉他一个最妥当的方法。他依这方法去做，果然将犯人捕回。

同是两个勇敢的上尉，只因前者喜欢独断独行，以致功业无成反而遭受杀身之祸；而后者由于肯向他人虚心求救，不但保全了自己的生命，还圆满地完成了任务。所以我们说：求教于人不但不是一种可耻的行为，反而更显示一个人有思想、肯进取、有机智。试想，你独断独行，即使侥幸成功，又有什么值得格外自傲呢？

也许你常常看见有些资格老到的人，能够独断独行而百无一失，便觉得万分羡慕吧？其实你还是只知其一，不知其二。那些人能够独断独行而百无一失，正是他们在平日肯多多吸收学识，累积多年经验的结果。他们的作为，绝非是那些学浅识陋，专以自炫"聪明"而独断独行的年轻人所

可比拟的。

古今中外的伟人中，善于使用"征询别人的意见"成功秘诀的，真是多得不胜枚举。我们简直可以说，通常身为领袖的人物，大多有着这种乐于征询他人意见的习性。

美国历届总统中，最肯虚心求教于人的，莫过于老罗斯福了。他对于所信任的人，总是放胆托付。他每遇到一件要事，总是召集与此事有关的人员开会，详细商议。有时为使自己获得更多的参考，甚至发电报至几千里外，邀请他所要请教的人前来商议。

而美国早期政界名人路易斯·乔治，治理政务也以精明周密而声名远播，但是他对于自己的学问还是常感怀疑。每次他做好了财政预算送交议会审核之前，几乎每天都要和几位财政专家聚首商议；即使一些极细微的地方，也不肯放松求教的机会。他的成功秘诀，可以一言以蔽之，就是："多多征询别人的意见。"

有人说，美国钢铁公司的总经理贾里最爱听人对他发表意见，尤其是指责他的过失。他常常征求公司职员的意见，任何人对他说话，他都洗耳恭听。

我们更可以说，从一个人能获得外力支持的大小，可以决定他的伟大程度。一个聪明、有所作为的大人物，最能利用种种方法使人主动向他提供意见，并且善于审查这些意见，从中择取有益于自己的加以利用。反之，那些庸碌无能的人们，往往不懂得征询他人意见的方法，即使获取了人家的意见，也不能加以正确地选择和适当地利用。

当柯金斯担任美国福特汽车公司总经理时，有一天晚上，公司里有事要发通告信给所有的营业处。因为十分紧急，所以这天晚上公司里的职工全体动员协助，连总经理柯金斯先生，也一同工作得十分紧张。当柯金斯命令一个做书记的下属帮忙套信封时，那个年轻职员认为做这种事情有碍他的身份，便争辩说："我不愿意干！我到公司里来，不是来做套信封的工作的。"

柯金斯听了这话当然怒上心头，但他仍若无其事地说："好吧，既然做这件事对你是种侮辱，那么就请你另谋高就吧！"

于是那个青年一怒而出，跑了许多地方，换了好几种工作，最后他还

是鼓起勇气重新回到福特公司来工作。他与柯金斯先生见了面，很诚恳地说："我在外面经历了许多事情，经历得愈多，愈觉得我那天的行为错了。因此，现在我仍想回到这里工作，不知你还肯任用我吗？"

"当然可以，"柯金斯说，"因为现在你已完全改变了。"

柯金斯先生提供给那青年的意见并没有错。如果那个青年当初接受他的意见，又何必到外面去兜那样一个大圈子呢？

后来，柯金斯先生述及此事时说："那个青年开始尊重别人的意见，不再独断独行，现在他已成了一个很有名的大富翁。"

其实世上再没有比听取别人的意见更容易做到的事了，但一般经验不足的青年们，大多不愿那样去做，难怪他们会到处碰钉子呢。

点评

如果你希望做事少碰钉子、少失误，最聪明的办法，就是多多参考别人的意见。有许多意见，常常是人家付出了极大的代价换得的经验之谈，他既然肯让你不费吹灰之力地去利用，你又何乐而不为呢？

9. 接受批评就是进步

批评通常也意味着进步的机会。在建设性的批评面前，反击、争辩或是无礼都无济于事，对这样的批评进行无关紧要地纠正，只会演变成严重的问题。

在受到上司批评时，心态相当关键。而乐于接受建设性的批评并且遵照执行，是成熟和职业化的表现。

上司一般不会把批评、责训别人当成自己的乐趣。既然批评，尤其是训斥容易伤和气，那么他在提出批评时一般是比较谨慎的。他的"责骂"从一般角度考虑，一定是有原因的，或对或错，都表明上司对某些和你有关的工作不满意。因此，被批评时应该认真对待，首先抱着自责和检讨的心理去接受批评。

一个合格的员工，在受到上司批评时，应该尽可能地保持谦逊的姿势、虚心的神情，同时眼神不可随意飘动，要表现出对上司批评的专注来，不要让他以为你心不在焉或是不甚服气。同时要想一想，到底是不是自己做错了。

从另一个方面讲，上司一旦批评了别人，就有一个权威和尊严问题。如果你不认真对待他的批评，把训斥当耳旁风，依然我行我素，其效果也许比当面顶撞更为糟糕。因为那样会让上司面子尽失，让上司觉得你的眼里没有他。

如果上司的批评中有你能立刻明白的教训，最好在上司批评完后，将被指责事项逐一复诵，并尽可能地陈述善后对策或改善方法，诚恳地请求上司给予指导。如果有机会的话，在事后也可以对上司的训示加以感谢。

下属能完全接受批评，理解上司的"苦心"，且积极地谋求改善，还对批评心存感激。这对上司而言，是再高兴不过的事了。这样即使你真的

做错事情，上司也会觉得你是可以原谅的。因为在这一瞬间，你让上司深切地感受到他的价值，并且得到指导人的成就感和满足感。

当然，对批评决不能不服气和牢骚满腹。

让上司觉得他是受到信赖和尊敬的，最直接的表现是部下很愿意听他"教训"。但是，如果你不服气、发牢骚，那么，这种做法产生的负效应将会让你和上司的感情距离拉大、关系恶化。

做下属的人，在面对上司的批评时，表现出一副很不服气的神情，私下里牢骚满腹，不仅无法领会上司的真心真意，还会招惹上司的嫌恶。那么，面对批评应该怎样做呢？

先把利己主义抛到一边。如果他人批评得有道理，就要客观地倾听他们的看法，并切实了解清楚。接下来应该想想如何解决问题。许多人都曾犯错和受到批评，但事实证明他们能够放下个人主义，审时度势，承担责任，从而更为强势地东山再起。

不要寻找替罪羊。不要试图争辩、迁怒他人或是矢口否认，以为事情能就此淡化。解释往往会被看成借口或否认。通用电气前任 CEO 韦尔奇因为离婚事件，其严重超标的离职补贴被曝光，形象也因此而短暂受损。但是，面对批评他没有企图辩解或者转移公众视线，而是放弃了几乎所有的退休福利，从而挽救了自己的职业声誉。

要合作，不要对抗。人们总爱把矛头对准传递信息的人。或许这事和你并不相干，你却因它而受到批评。也可能真正要讨伐的对象是公司的政策，或是整个部门对某个项目的努力程度。那就别把这事私人化了，以免像个刺猬，多从自己力所能及的事着手吧。

身为领导，你就要首当其冲为你的团队承担压力，召集你的下属们一起，客观地探讨面临的困境，共同想出解决办法。建设性的批评很可能是好事，就看你以什么态度来接受它了。

承认自身的局限性。倘若你遭到批评而又无法改变，请考虑换个思路。如果公开演讲并非你的强项，或许让别人来演示效果会更好。要懂得在适当的时候以适当的方式分派工作。雅虎公司的创始人几乎都是技术人员出身，缺乏将公司经营得风生水起的雄才大略。意识到这一点后，他们

没有让那些个人主义的念头作祟，而是适时地退居幕后，把工作授权给他人完成。

～点评～

事实上，上司的"批评"也可以看做是对你的重视和鞭策。正因为他的眼里有你这个员工，他才会注意你的错误，希望通过指责的手段促使你的发展。所以，你对批评抱着乐于接受的态度，也就是你进步的开始了。

第五章

求变通,水无常态随方亦圆

梁启超说:"变则通,通则久。"知变与应变的能力是一个人的素质问题,同时也是现代社会办事能力高低的一个很重要的考察标准。办事时要学会变通,不要总是直线思考。放弃毫无意义的固执,这样才能更好地办成事情。

1. 行不通时就换招

如果你陷入了思维的死角而不能自拔，不妨尝试一下改变思路，打破原有的思维定式，反其道而行之，开辟新的境界，这样才能找到新的出路。

按照常规的思路，有时我们便会缺乏创造性，或是跟在别人的后面亦步亦趋。马铭刚到一家企业做员工，公司为新员工们提供一次内部训练的机会。按惯例，作为训前调研，新员工应该与该公司总经理进行一次深入的交流。这家公司的办公室在一幢豪华写字楼里，落地玻璃门窗，非常气派。交流中，马铭透过总经理办公室的窗子，无意间看到有来访客人因不留意，头撞在高大明亮的玻璃大门上。大约过了不到一刻钟，竟然又看到一个客人发生同样的事情。前台接待小姐忍不住笑了，那表情明显地表示："这些人也真是的。走起路来，这么大的玻璃居然看不见。眼睛到哪里去了？"其实马铭知道，解决问题的方法很简单，那就是在这扇门上贴上一根横标志线，或贴一个公司标志图即可。然而，为什么这里多次出现问题就是没人来解决呢？问题的关键是，大家都习惯了固定的思维方式，不求变通。这一现象背后真正隐含着的是一个重要的解决问题的思维方式。

当一个人在同一个地方出现两次以上同样的差错，或者，两个以上不同的人在同一个地方出现同一差错，那一定不是人有问题，而是这条路行不通。既然发现了问题，此时，人作为问题的管理者，最重要的工作不是管人，不是一味地要求他人不要重犯错误，而是要开阔思路，改变招数。

如果照以前那样的方式思维，你会发现，只要这条路有问题，你不在这里出错，还会有其他人因它而出错；今天没人在这里出差错，明天还会有。比如，有一盆花放在路边某一处，若有两个人路过时，都不小心碰了

它一下，正确的反应是：不是这两个人走路不小心，而是这盆花不该放在这里或不该这样子摆放。

大多数人认为，如果一个人在同一个地方摔上两跤，他会被人们耻笑为笨蛋；如果两个人在同一个地方各摔一跤，他们会被人耻笑为两个笨蛋。但你有没有想过，也许是路有问题，你可以选择修路或者换一条路走，而不要再做第三个笨蛋。

改变思路，重新审视我们的制度，才是解决问题的良方。

任何两片叶子都不是完全相同的，而且任何一片叶子都有正反两面。世界是矛盾的结合体，任何一件事情都有正面和反面。当你换一种角度去看时，正面会变成反面，反面亦会变成正面。

一位老人讲了一个他自己的故事：

老人年轻时，打算写本书，那时他自以为了不起地想在书中加进点"地方色彩"，于是就利用假期出去寻找。他要在那些穷困潦倒、懒懒散散混日子的人们中找一个主人公，他相信在那儿可以找到这种人。

经过多日寻找，有一天他果然找到了这么个地方。那儿是一个荒凉破落的庄园，最令人激动的是，他想象中的那种懒散混日子的味儿也找到了。一个满脸胡须的老人，穿着一件褐色的工作服，坐在一把椅子上为一块马铃薯地锄草，在他的身后是一间没有油漆的小木棚。

他立刻转身往家走，恨不得立刻就坐在打字机前。然而，当他绕过木棚在泥泞的路上拐弯时，又从另一个角度朝老人望了一眼，这时他突然下意识地停住了脚步。原来，从这一边看过去，才发现老人椅边靠着一副残疾人的拐杖，有一条裤腿空荡荡地直垂到地面上。顿时，那位刚才还被他认为是好吃懒做混日子的人物，一下子成了一个百折不挠的英雄形象了。

从那以后，他再也不敢对一个只见过一面或聊上几句的人轻易做判断和下结论了。可是，多看一眼的前提是换一个角度，否则，再怎么看你也不会有新发现。

有人干活偷懒，那一定是因为现行的规则能给他偷懒的机会。有人不求上进，那一定是因为激励措施还不够有力，或至少是还没找到激励他的方法。有人需要别人监督才能做好工作，那一定是因为还没有设计出一套足以让人自律的游戏规则。如果某一环节经常出现扯皮现象，那一定是因

为这一环节上职责划分得不够细致明确。如果经常出现贪污腐败现象，那一定是某些漏洞给了他们许多犯罪的机会。

也就是说，原有的体制或惯有的思路已经出现问题，那么，既然知道旧方法已经行不通，解决问题的最好途径是不是就是改变呢？有一句名言是这么说的：好的制度能让坏人干不了坏事，不好的制度，能让好人变坏。问题的关键是，如果出现多次多人犯错的事情，就不是人错了，而是老套路不管用了，该换招了。

✧点评✧

> 做人做事要讲变通，千万不能在"一棵树上吊死"。一招行不通，就换另一招。只要肯改变思路去寻求，就一定能发现新的出路。

2. 不要总是直线思考

苏轼的《题西林壁》一诗中有这样的名句：横看成岭侧成峰，远近高低各不同。看来，原本同样的事物或问题，只要选择不同的角度去观察分析，就能够得出大相径庭的结论。

梁启超说："变则通，通则久。"知变与应变的能力是一个人的素质问题，同时也是现代社会办事能力高下的一个很重要的考察标准。办事时要学会变通，不要总是直线思考，放弃毫无意义的固执，这样才能更好地办成事情。

一位老母亲养育了两个可爱的女儿。婚后，大女儿做雨伞生意，二女儿经营鞋店，两家的日子过得相当幸福。可做母亲的总盼望着孩子们能够过得更好，她既希望大女儿的雨伞生意好，也不愿意看到二女儿的布鞋生意差。

于是，每遇阴雨连绵，老人家就担心二女儿的布鞋生意；每逢晴空万里，她又发愁大女儿的雨伞生意。真是可怜天下父母心，老母亲因为过度忧虑而染疾在床，虽然女儿多方求医问药，可终不见病情有所好转。

一位智者听说此事，登门给了这位老母亲几句忠告。几天后，老人家竟然容光焕发，全然一个健康无恙的人。智者只是让老母亲学会转换角度思考问题，把原来的担忧反过来，转化成晴天二女儿布鞋生意好，雨天大女儿雨伞生意好。如此一来，无论晴天或雨天，老母亲的心中总是庆幸和欣慰。

在生活中，有很多事情都不能总是直线思考，而是需要转换一个角度去重新审视和思考。遇到困难，逢上苦闷，也不要唉声叹气、蹉跎不前，或许这正是磨炼我们心志的难得机会。一种角度就会有一种截然不同的结果，总有一种是我们最终期待的……

有许多满怀雄心壮志的人很有毅力，但是由于不会进行新的尝试，因

而无法成功。请你坚持你的目标吧，不要犹豫不前；但也不能太生硬，不知变通。如果你的确感到行不通的话，就尝试另一种方式吧。

有个典故说，很久以前，人们听说有位大师几十年来练就一身移山大法。

一天，有人找到这位大师，央其当面表演一次。大师在一座山的对面坐了一会儿，就起来跑到山的另一面，然后说表演完毕。

人们大惑不解，大师微微一笑说："事实上，这世上根本就没有什么移山大法，唯一能够移山的方法就是，山不过来，我就过去。"

这个故事启示我们：不要迷信有什么成功秘诀和捷径，更没有什么神秘的力量，灵活处理随时出现的各种情况，才是秘诀中的秘诀。

著名思维学家、"创新思维之父"德·波诺认为，通常人的思维是"纵向思维"，就是主要依托逻辑，沿着一条固定的思路走下去。为此，他提倡"平面思维法"，以多条思路进行思考。

那些百折不挠、牢牢掌握住目标的人，已经具备了成功的要素。下面两个建议一旦和你的毅力相结合，你期望的结果便更易于获得。

（1）告诉自己"总会有别的办法可以办到"。

每年有几千家新公司获准成立，可是 5 年以后，只有一小部分能够继续营运。那些半路退出的人会这么说："竞争实在是太激烈了，只有退出为妙。"他们遭遇障碍时，只想到失败，因此才会失败。

你如果认为困难无法解决，就会真的找不到出路。因此一定要拒绝"无能为力"的想法。

（2）先停下，然后再重新开始。

我们时常钻进牛角尖而不能自拔，因此看不出新的解决方法。成功办事的秘诀是随时检查自己的选择是否有偏差，合理地调整目标，放弃无谓的固执，轻松地走向成功。

点评

一个懂得变通的人可以灵活运用一切他所知的方法，还可巧妙地运用他并不了解的方法。能在恰当的时间内把应做的事情处理好，这不只是机智，也可称之为艺术。

3. 随机应变，做人要学会变通

俗话说："树挪死，人挪活。"种子落在土里长成树苗后最好不要轻易移动，一动就很难成活。而人就不同了，人有脑子，遇到了问题可以灵活地处理，用这个方法不成就换一个方法，总有一个方法是对的。

做人就是要学会变通，随机应变，不可太死板，要具体问题具体分析。前面已经是悬崖了，难道你还要跳下去吗？执著很重要，但盲目的执著是不可取的。不要被经验束缚了头脑，要冲出习惯性思维的樊笼。

随机应变、灵活变通是一种智慧，这种智慧让人受益匪浅。

孙膑是我国古代著名的军事家，他的《孙膑兵法》到处蕴含着变通的哲学。孙膑本人也是一个善于变通的人。

孙膑初到魏国时，魏王要考查一下他的本事，以确定他是否真的有才华。

一次，魏王召集众臣，当面考查孙膑的智谋。

魏王坐在宝座上，对孙膑说："你有什么办法让我从座位上下来吗？"

庞涓出谋说："可在大王座位下生起火来。"

魏王说："不行。"

孙膑说："大王坐在上面嘛，我是没有办法让大王下来的。不过，大王如果是在下面，我却有办法让大王坐上去。"

魏王听了，得意洋洋地说："那好。"说着就从座位上走了下来："我倒要看看你有什么办法让我坐上去。"

周围的大臣一时没有反应过来，也都嘲笑孙膑自不量力，等着看他的洋相呢。这时候，孙膑却哈哈大笑起来，说："我虽然无法让大王坐上去，却已经让大王从座位上下来了。"

这时，大家才恍然大悟，对孙膑的机智连连称赞。

魏王也对孙膑刮目相看，孙膑很快就得到魏王的重用。

在处理问题时，我们总是习惯性地按照常规思维去思考。如果我们能像孙膑那样，学会灵活变通，那么就会发现"柳暗花明又一村"。

当然还有一些不知变通的人。秦国孙阳精通相马，无论什么样的马，他一眼就能分出优劣。他常常被人请去识马、选马，人们都称他为伯乐。

有一天，孙阳外出打猎，一匹拖着盐车的老马突然向他走来，在他面前停下后，冲他叫个不停。孙阳摸了摸马背，断定是匹千里马，只是年龄稍大了点。老马专注地看着孙阳，眼神充满了期待和无奈。孙阳觉得太委屈这匹千里马了，它本是可以奔跑于战场的宝马良驹，现在却因为没有遇到伯乐而默默无闻地拖着盐车，慢慢地消耗着它的锐气和体力，实在可惜！孙阳想到这里，难过得落下泪来。

这次事件令孙阳深有感触。他想，这世间到底还有多少千里马被庸人所埋没了呢？为了让更多的人学会相马，孙阳把自己多年积累的相马经验和知识写成了一本书，配上各种马的形态图，书名叫《相马经》。目的是使真正的千里马能够被人发现，尽其所才，也为了自己一身的相马技术能够流传于世。

孙阳的儿子看了父亲写的《相马经》，以为相马很容易。他想，有了这本书，还愁找不到好马吗？于是，就拿着这本书到处找好马。他按照书上所画的图形去找，没有找到；又按书中所写的特征去找，最后在野外发现一只癞蛤蟆，与父亲在书中写的千里马的特征非常像，便兴奋地把癞蛤蟆带回家，对父亲说："我找到一匹千里马，只是马蹄短了些。"父亲一看，气不打一处来，没想到儿子竟如此愚蠢，悲伤地感叹道："所谓按图索骥也。"

这个故事就是成语"按图索骥"的由来，出自明朝杨慎的《艺林伐山》。这个寓言生动地说明了一味地按照老方法办事，不知变通，是成不了事的。

美国威克教授曾经做过一个有趣的实验：把一些蜜蜂和苍蝇同时放进一只平放的玻璃瓶里，使瓶底对着光亮处，瓶口对着暗处。结果，那些蜜蜂拼命地朝着光亮处挣扎，最终气力衰竭而死，而乱窜的苍蝇竟都溜出细口瓶颈逃生。这一实验告诉我们：在充满不确定性的环境中，有时我们需

要的不是朝着既定方向的执著努力，而是在随机应变中寻找求生的路；不是对规则的遵循，而是对规则的突破。我们不能否认执著对人生的推动作用，但也应看到，在一个经常变化的世界里，灵活机动的行动比有序的衰亡好得多。

只知道执著的蜜蜂走向了死亡，知道变通的苍蝇却生存了下来。执著和变通是两种人生态度，不能单纯地说哪个好哪个不好。单纯的执著与单纯的变通，都是不完美的。只有二者相辅相成才能取得最后的成功，我们要学会执著与变通二者兼顾。

不仅为人处世要这样随机应变，在工作上也应该这样。与领导相处的时候尤其要注意灵活变通。领导为什么能成功？其中一个重要因素就是灵活变通，故而跟在他身边的下属，必定要懂得弹性处理法则。

所谓灵活变通与弹性处理，跟滑头性格与做事没有原则是不相同的。因时制宜，在某种特殊特定环境之内，配合需求，设计出最好的可行方案，这就是所谓弹性处理。分明已经改了道，此路不通，还偏偏要照旧时那个法子把车开过去，这不是坚持原则，而是蛮干。

〜点评〜

大家都喜欢凡事肯变通、会适应的人。遇事多思考，解决问题求新求变，这才是圆滑做人、精明处世的硬道理。

4. 办法是想出来的

从来不存在所谓的无路可走。遇到困难，方法就是解决问题的根本；而方法是人想出来的，只要肯思考，就一定是"天无绝人之路"。

现代心理学的研究表明，在困难面前，积极想办法的态度会激发我们的潜在智慧。那些成功人士在遇到问题的时候，非常注意动脑筋、想办法，他们相信办法是人想出来的。

对待问题，方法为王。在界定问题之后，下一步就是分析问题、制订各种解决方案、评估这些方案并作出决策，然后执行决策。办法是想出来的，想办法才会有办法。那些从各个历史时代流传下来的经典办法，都因其巧妙神奇和富有创造性而闪烁着永恒的光彩。而它们也都是努力思考的产物，都是实践与勤奋的结晶。解决问题的秘诀不在于其他，只在于用大脑想方法，用智慧去做自己的工作。

在我们的实际工作中，经常听到这样的抱怨：

"确实是没办法！"

"真的是一点办法也没有！"

设想一下，如果你的上级给你下达某个任务，或者你的同事、顾客向你提出某个要求时，你这样回答对方，他们怎能不对你非常失望呢！

也许一句"没办法"，就为推卸责任找到了最好的理由。然而也正是一句"没办法"，让我们浇灭了很多创造的火花。是真的没办法吗？还是我们根本就没有好好地动脑筋想办法呢？

在 IBM 公司，所有管理人员的桌上，都摆着一块金属板，上面写着"Think"（思考）。这是 IBM 的创始人华特森定下的规矩。

有一天，寒风凛冽，淫雨霏霏，华特森一大早就召开了销售会议。会议一直进行到下午，气氛非常沉闷，没人说话，大家也显得焦躁不安。

这时，华特森站起来，在黑板上写了一个大大的"Think"，然后对大家说："我们缺少的，是对每一个问题进行充分的思考。要记住，我们都是靠思考赚得薪水的。"从此，"Think"成为华特森和 IBM 公司的座右铭。

"只有想不到的，没有做不到的！"有一个叫罗伯特的美国人，亲身验证了这句话。

乔治想用 100 美元周游世界，别人都认为他是在痴心妄想。然而，乔治没有理会那些冷嘲热讽，他找出一张纸，写下了用 100 美元周游世界的各种办法：

设法领到一份可以上船当海员的文件；去警察局申领无犯罪证明；考取一个国际驾驶执照，找来一套地图；与一家大公司签订合同，为其提供所经国家的土壤样品；同一家胶卷公司签订协议，可以在这家公司的任何一个分公司免费领取胶卷，但要拍摄照片为公司做宣传。

当乔治完成上述的准备之后，他就在口袋里装好 100 美元，兴致勃勃地开始了自己的旅行。结果，他完全实现了自己的梦想。以下是他旅行经历的一些片断：

在加拿大巴芬岛的一个小镇用早餐，他不付分文，条件是为这家餐馆拍照并承诺在旅行中宣传；在新西兰，花 5 美元买了一箱香烟，从巴黎到维也纳，费用是送司机一箱香烟。

从挪威到瑞士，由于他搭乘货车的司机在半途得了急病，已经拥有国际驾驶执照的他将司机送到了医院，并将货物安全送到了目的地。货运公司非常感激他，专门派车将他送到了瑞士，当然是免费的。

在葡萄牙一家新开张的公司门口，该公司用来拍摄庆祝画面的照相机出了故障，于是乔治免费为他们拍摄了照片，而他们则送给乔治一张去德国的飞机票；

在印度尼西亚，由于提供了一份美国人最近旅游习惯的资料，他在一家高档的宾馆享受了一顿丰盛的晚餐。

乔治亲身制造的传奇，足够我们瞠目结舌了，他的勇气和智慧更值得我们喝彩！

我们之所以说事情艰难，往往是我们并没有尽到最大的努力！世界上

没有"天大的问题",只有不够努力造成的失败和遗憾。同样道理,在职场上,我们也有这样的潜质,我们也能创造出同样的传奇,只要我们有足够的信心,有积极的行动。这样,我们的创意之门就能打开,我们的头脑里也会冒出各种各样的办法。

遇事先别说难,先问自己是否已然竭尽全力。当我们怪罪自己不够聪明,不够有创意,抱怨自己总是无计可施的时候,我们应该反问一下自己:是否真正地开动脑筋了?

点评

> 积极地想办法,才会有办法。只有坚信没有不能解决的问题,才有能力解决一切问题。人的智力提高是一个逐步的过程。只要你能够战胜畏惧,并下决心去努力,你就能找到越来越多的解决问题的方法。

5. 学会另辟蹊径

另辟蹊径，就是要换思路想问题；就是在已有的道路面前，另外开辟一条道路。也就是说，在遇到难以解决的问题时，要善于打破常规的路径，去另外寻找一个解决问题的新途径和新方法。所以，当传统的方法已经不能解决问题时，我们应该学会另辟蹊径。

海尔公司在开拓海外市场时，没有一味地依照国内的老方法，而是另辟蹊径，广开思路，开发适合当地的产品。

海尔公司在美国经销其产品时，针对当地的学生用户，专门请了美国当地人来设计电器。美国的学生大多是租房子住，而在美国的很多地方，特别是在纽约，房价十分贵，寸土寸金，所以学生们租的房子都非常小。于是海尔根据这个特点，把冰箱台面创新地设计成一个小桌子，这样就节约了很大一部分空间。

后来，他们又把小桌子改装成一个折叠的台面，可以把电脑放在上面，这种设计迎合了学生的需求，所以特别受学生欢迎，也由此打开了美国市场。

实际上，促成人类社会进步的一切科技发明，起因都是解决问题过程中的"另辟蹊径"。比如为了解决怎么才能更快地收割小麦的问题，如果我们仅限于传统的方法：把镰刀磨得更快，而不是想着去创造另外一种方法，那永远也发明不了联合收割机。

大家习惯用的解决问题的老办法，对于个别问题并不一定是最适用的。总会有更好的办法在等着你，另辟蹊径，也许还可以找到比传统的办法好上百倍千倍的办法呢。

对另辟蹊径最好的解释就是要变换思路想问题。你可以将问题对象进行转换，或者借助解决其他问题的办法来解决目前的问题，等等。

美国加州圣地亚哥市的一家老牌饭店，近几年来生意越来越兴旺。但

由于原先配套设计的电梯过于狭小老旧，已无法适应越来越多的客流。于是，饭店老板准备改建一个新式的电梯。他重金请来全国一流的建筑师和工程师，请他们一起商讨，该如何进行改建。

建筑师和工程师的经验都很丰富，他们讨论的结论是：饭店必须新换一台大电梯。为了安装好新电梯，饭店必须停止营业半年时间。

饭店老板很为难。"除了关闭饭店半年就没有别的办法了吗?"老板的眉头皱得很紧，"要知道，这样会造成很大的经济损失。"

可建筑师和工程师们凭着经验，坚持说："必须得这样，不可能有别的方案。"

就在这时候，饭店里的清洁工刚好在附近拖地，听到了他们的谈话，他马上直起腰，停止了工作。他望望忧心忡忡、神色犹豫的老板和那些一脸自信的专家，突然开口说："你们那样做会把这里弄得乱七八糟，要我怎么收拾?"

工程师瞟了他一眼，不屑地说："你只知道打扫，还知道什么?"

"我知道我要是你们，我会直接在屋子外面装上电梯。"清洁工理直气壮地说。

"多么好的方法啊!"工程师和建筑师听了，顿时诧异得说不出话来。

很快，这家饭店就在屋外装设了一部新电梯，而这就是建筑史上的第一部观光电梯。

习惯性地认为电梯只能安装在室内，却想不到电梯也可以安装在室外，像这样固守成法、循规蹈矩的专家比比皆是。问题不在于他们的技术高低、学识多寡、条件优劣，而在于他们突破不了常规的思维方式。

上面的案例中，工程师和建筑师被专业常识束缚住了，而清洁工的脑袋里没有那么多条条框框，思路就很开阔，所以才会想出令专家们大跌眼镜的妙招。

每一次成功的背后，都有另辟蹊径的创意，它是解决疑难问题的"加速器"。

无论是有独特经营头脑的管理者，还是善于另辟蹊径解决问题的员工，他们都有两个特点：

一是对工作充满热情，以主人翁精神全力以赴投入工作。

二是擅长创意思考，有很强的发散思维能力。

点评

许多时候，换一个角度考虑问题，情况就会改观，新的创意就会产生。所以，我们的思维要活跃起来！当原来的路走不通时，要学会另辟蹊径！

6. 不同思路带来大差异

有什么样的思路，就会有什么样的出路，这就叫不同思路带来大差异。对于普通人，思路决定自己一个人或一家人的出路。对于领导人，思路则决定一个组织、一个地方，乃至一个国家的出路。

两个鞋厂的推销员，同时来到太平洋一个岛国推销鞋。但摆在他们面前的事实是：这里的人不穿鞋。

经过几天的考察后，第一家鞋厂的推销员向厂部发回信息说："这里的人不穿鞋，鞋在这里没有市场。"然后就离开了这里。

第二家鞋厂的推销员向厂部发回信息说："这里的人还没有穿鞋，市场前景看好。"然后他把一双最好看的鞋送给国王穿。这里的人看到国王穿鞋，结果人人穿鞋。于是他在这里开设了卖鞋的商店。后来，第一家鞋厂倒闭了，推销员也失去了工作；而第二家鞋厂发财了，推销员也得到了晋升。

同一个事实，却得出两种截然不同的结论。因为思路不同，看问题的方法不同，导致两种截然不同的出路。我们应当从现实看到事情可能发生的变化。

在同一条街上有两家卖粥的小店。前边这家和后边那家每天的顾客相差不多，都是人进人出，生意兴隆。

可是到了晚上结账的时候，前边这家总是比后边那家多出几百元来。天天如此，原因何在呢？

走进后边那个粥店，服务小姐微笑着把我迎进去，给我盛好一碗粥，问我："加不加鸡蛋？"说加。于是她给加了一个鸡蛋。每进来一个顾客，服务员都要问一句："加不加鸡蛋？"也有说加的，也有说不加的，大概各占一半。

再走进前边那个小店，服务小姐同样微笑着把客人迎进去，给盛上一碗粥。然后问："加一个鸡蛋，还是加两个鸡蛋？"顾客笑了，说："加一个。"

再来一个顾客，服务员又问一句："加一个鸡蛋还是加两个鸡蛋？"爱吃鸡蛋的就要求加两个，不爱吃的就要求加一个。也有要求不加的，但是很少。

一天下来，前边这个小店就要比后边那个多卖出很多鸡蛋。这就是不同思路为两家小店带来的不同收益。

不同的思路不仅会影响一个人的事业、前途，还有可能改变他的一生。

刘勇和李强同是外出务工，刘勇去上海，李强去北京。可是在候车厅等车时，又都改变了主意。因为邻座的人议论说：上海人精明，外地人问路都收费；北京人质朴，见吃不上饭的人，不仅给馒头，还送旧衣服。

刘勇想：还是北京好，挣不到钱也饿不死，幸亏车还没到，不然真掉进了火坑。

李强想：还是上海好，给人带路都能挣钱，还有什么不能挣钱的？我幸亏还没上车。不然真失去一次致富的机会。

于是他们在退票处相遇了。原来要去北京的得到了去上海的票，去上海的得到了去北京的票。

刘勇去北京后发现，北京果然好。他初到北京的一个月，什么都没干，竟然没有饿着。不仅银行大厅里的纯净水可以白喝，而且大商场里欢迎品尝的点心也可以白吃。

李强去上海后发现，上海果然是一个可以发财的城市，干什么都可以赚钱。带路可以赚钱，开厕所可以赚钱，弄盆凉水让人洗脸也可以赚钱。只要想点办法，再花点力气，都可以赚钱。

凭着乡下人对泥土的感情和认识，第二天，他在建筑工地装了十包含有沙子和树叶的土，以"花盆土"的名义，向难寻见泥土而又爱花的上海人兜售。当天他在城郊间往返六次，净赚了五十元钱。一年后，凭"花盆土"他竟然在大上海拥有了一间小小的店面。

在常年的走街串巷中，他又有一个新的发现：一些商店楼面亮丽而招

牌较黑。一打听才知道是清洗公司只负责洗楼不负责洗招牌的结果。他立即抓住这一空当，买了人字梯、水桶和抹布，办起一个小型清洗公司，专门负责擦洗招牌。如今他的公司已有150多个打工仔，业务也由上海发展到杭州和南京。

前不久，李强坐火车去北京考察清洗市场。在北京车站，一个捡破烂的人把头伸进软卧车厢，向他要一只啤酒瓶。就在递瓶时，两人都愣住了，因为那个捡破烂的人就是刘勇，五年前，他们曾换过一次票。

点评

人的想法不同，人生的路也不同。要想改变人生的路，先要改变思路。只有走出自己设定的"死胡同"，善于转换思考问题的思路，才能获得更多成功的机会。

7. 求人办事，变直接为迂回

我们在求人办事的过程中，针对对方的性格、地位、当时的情况等诸多因素的不同，要善于改变思路和对策。如果明知对方不可能立即答应自己的要求，在这个时候，就不要急躁，不妨变直接的请求帮助为迂回战术，效果自然可想而知，毕竟"路是死的，人是活的"。

变直接为迂回，在人们的日常处世哲学中，常表现为一种策略性的智慧。人的心理往往会有许多不易琢磨之处。如一个人想做某件明显不妥的事，若不上前禁止的话，他可能横下一条心硬是去做；但若假意支持的话，很有可能就此打消了对方去做的念头。

大书法家梁舟山的书法，风格独特，高雅动人，当时京师中的达官贵人以得梁舟山书法作品为自豪。一次梁舟山从南方回京师，路过黄河，黄河水势极大，无法渡河，被河督留在衙内。一连十几天，河督出去办事，无人陪伴梁舟山，梁舟山感到十分无聊，看到河督书房内有笔墨纸张，便作消遣书写起来，几天就把厚厚一叠宣纸写了个净光。既有大字条幅，也有小楷、小篆。河督办完事回来，看他写了满屋的字，十分不悦地说："这些宣纸，都是我从产地购来，准备进京送人，你却把它浪费了。"梁舟山十分尴尬。

第二天，河督就派人把梁舟山送过了黄河。梁舟山到京后，将这件事告诉好友。好友说这河督在京做官时，曾托人向你要过字，你没有给他；这次他故意不让你过河，摆上笔墨纸张，给你一个样子；你写了字，他得了墨宝，不领情，反而把你数落一通。梁舟山恍然大悟，后悔不已。

这位河督可谓是"求字"的高手，不仅报了一箭之仇，还如愿地得到了墨宝，真是一举两得。当然，这都得益于他善迂回的高招。但是还有更高明的。

著名的法国农学家安端·帕尔曼切在德国当俘虏时，曾吃过土豆，回到法国后，决意要在自己的故乡培植它。可是很长时间他未能说服任何人，于是他耍了一个花招。

1787 年，他得到国王的许可，在一块出了名的低产田上栽培土豆。根据他的请求，由一支身穿仪仗服装的、全副武装的国王卫队看守这块地。但只是白天看守，到了晚上，警卫队就撤了。这时，人们受到禁果的引诱，每到晚上就来挖土豆，并把它栽在自己的菜园里。通过这种迂回战术，土豆在德国被广泛种植，帕尔曼切达到了目的。

可见，当最理想的途径不能实现的时候，改变思路，换一种手段，变直接为迂回，是多么的有效啊！

但是，改变思路，变直接为迂回，并不是高深莫测的。在日常生活中，即使是十岁的小姑娘也会自觉或不自觉地采用这一战术。

十岁的薇薇和妈妈相依为命。为了使薇薇高兴，妈妈答应涨了工资就给她买玩具。前不久，老板去度假，委托母女俩照看他家的宠物——一只鹦鹉。老板临回来的前一天，薇薇去给鹦鹉喂最后一次食。她一边喂鹦鹉，一边不断地自言自语："妈妈该涨工资了！妈妈该涨工资了！"这样，鹦鹉也学会了这句话。结果妈妈涨了工资，薇薇得到了玩具。薇薇借助鹦鹉学舌的作用，达到了母女俩的愿望，真是个聪明的孩子。

李教授的儿子李可在学校挨老师的骂，回家后就大声说道："我恨这个老师，真想杀了他。"李教授听了这句话便说："你若真的这么恨他，杀了他好了。"随后又加了一句："但你要知道，杀死人的人也会被处死的，这点你必须考虑到。"李可听了父亲这几句话后，就打消了恨老师的念头。可见，迂回对于一些防备心较强、心理较为固执的人来说，更是一种极好的对付办法。

❧ 点评 ❧

> 为人处世头脑要灵活，尤其是求人办事，直白的要求一定没有迂回的游说管用。要做一个精明人，就一定要深谙变直接为迂回的道理。

8. 调整思路，找到适合自己的路

每个人都有最适合自己的事业，碰到就会使自己成为人才；不适合自己，就成为庸才。有道是，"没有最好的，只有最合适的"。就像千里马只有遇见伯乐，才是千里马，人才也是一样。只要遇上识货的老板，即使身处荒野，也能顿生神采甚至价值连城。

王鹏是福建人，父亲是一位珠宝商，他子承父业也做起了珠宝生意。可是他缺乏父亲对珠宝行业的精微敏感，生意惨淡，频频亏本。没过几年，王鹏就把父亲交给他的全城最大的珠宝店经营得生意惨淡，后来终于全都赔光了。

但是，王鹏没有认识到自己的不足，相反，他认为自己不是缺乏经商的才干，而是珠宝行业投资大，技术性太强，风险太大。于是，他决定改行做服装生意，因为他觉得服装行业周期短，而且不需要太多的专业知识，肯定能大获成功。决定之后，他立刻去银行贷了款，并开了一家服装店。

三年过去了，王鹏又一次失败了。他再一次错误地意识到他不适合于更新太快的服装市场。当他以为一种新款刚开始流行自己马上组织货源时，同行们的这种款式已经开始淘汰了，他总是跟随着流行的尾巴。

于是，他把服装店卖掉，用剩余的不多的资金开了一家小饭店。他心想，现在不会再赔了吧。雇几个人做菜，客人吃饭拿钱，又不用多么大的流动资金。可是，这一次他又错了。相邻的饭店里宾客盈门，生意兴隆；他的饭店却门可罗雀，冷落异常。最后，连雇来的几个人也跑到别的饭店去了，只剩下他孤零零的一个人。他只有把饭店也变卖掉。

后来，他又尝试做了化妆品生意、钟表生意、印染生意，无一例外地都以失败而告终。这个时候，他已经52岁，从父亲交给他珠宝店至此，25

年的宝贵年华被失败占满，他充满了绝望。

　　王鹏算了算自己的家底，剩下的钱仅够买一块离城很远的墓地，他彻底绝望了。既然自己没有能力创造财富，那就买块墓地给自己留着，等到哪一天一命归西，也算有个归宿。这是一块极其荒僻的土地，离城大约有5公里，不说有钱人，就是一些穷人也不买这样的墓地。

　　可是，命运就在这里转机了。就在他办完这块墓地产权手续的第十五天，这座城市公布了一项建设环城高速路的规划，他的墓地恰恰处在环城路内侧，紧靠一个十字路口。道路两旁的土地一夜之间身价倍增，他的这块墓地更是涨了好多倍。王鹏做梦也没想到，他靠这块墓地发财了！要知道，这是他"经商"20多年来第一次"狠"赚了一笔钱。

　　王鹏突然顿悟，为何不做房地产生意呢？说做就做。他很快将这块墓地以相当高的价格出售，又购买了一些他认为有升值潜力的土地。仅仅过了5年，他成了全城最大的房地产商。他终于成功了。

❀ 点评 ❀

　　人生有时候就是这样充满戏剧性，找对了适合自己的路可能一夜致富；而选错了路，也可能终生不得志。所以，做人做事，一定要适时调整思路，找到那条最适合自己的成功之路。

第六章

懂取舍，拿得起还要放得下

爱迪生说："没有放弃就没有选择，没有选择就没有发展。" 的确，人生并非只有一处风景如画，别处风景也许更加迷人。你必须在选择面前跨出新的一步，让思想尽情地翱翔。飞得越高，望得越远，才会走出眼前的疆界，突破现有的成见。

1. 坚持值得坚持的事

古人告诫我们说"锲而不舍，金石可镂"。我们也总是满怀信心和希望地说："坚持下去，总有一天会成功的。"于是，很多人在人生的挫折面前，就咬紧牙关坚持着，等待自己头顶的天窗打开的那一天。

有的人坚持下去，终于看到了光明；而有的人穷其一生，也毫无所获。为什么？因为他们只知道坚持，而从来都没有考虑过，这件事，到底值不值得自己如此坚持下去。

《伊索寓言》中有一则关于乡下老鼠和城市老鼠的故事：

城市老鼠和乡下老鼠是好朋友。有一天，乡下老鼠写了一封信给城市老鼠，信上这么写着："城市老鼠兄，有空请到我家来玩。在这里，可享受乡间的美景和新鲜的空气，过悠闲的生活，不知意下如何？"

城市老鼠接到信后，高兴得不得了，立刻动身前往乡下。到那里后，乡下老鼠拿出很多大麦和小麦，放在城市老鼠面前。城市老鼠不屑地说："你怎么能够老是过这种清贫的生活呢？住在这里，除了不缺食物，什么也没有，多么乏味呀！还是到我家玩吧，我会好好招待你的。"乡下老鼠于是就跟着城市老鼠进城去。

乡下老鼠看到那么豪华、干净的房子，非常羡慕。想到自己在乡下从早到晚，都在农田上奔跑，以大麦和小麦为食物，冬天还得在那寒冷的雪地上搜集粮食，夏天更是累得满身大汗，和城市老鼠比起来，自己实在太不幸了。

聊了一会儿，它们就爬到餐桌上开始享受美味的食物。突然，"砰"的一声，门开了，有人走了进来。它们吓了一跳，飞似地躲进墙角的洞里。乡下老鼠吓得忘了饥饿，想了一会儿，戴起帽子，对城市老鼠说："乡下平静的生活，还是比较适合我。这里虽然有豪华的房子和美味的食物，但每天都紧张兮兮的，倒不如回乡下吃麦子来得快活。"说罢，乡下老鼠就离开都市回乡下去了。

城市老鼠眷恋城市的繁华，于是在和人的周旋中危险地生存着；乡下老鼠面朝黄土背朝天，靠简单的劳动吃饭，活得心安理得。我们不能断言，到底哪种生活方式更好，只能说明，只有适合自己的才是最好的，才是真正值得自己坚持下去的。

其实，持之以恒只是一个人成才的条件之一。其他条件，譬如机遇、天赋、爱好、悟性、体质诸项也是缺一不可的。如果你研究某一学问，学习某一技术或从事某一事业确实条件太差，而经过相当的努力仍不见效，那就不妨学会放弃，另辟蹊径。

比如学钢琴，学画画。如今很多家长都把孩子送进了钢琴班，请来了美术老师。要是弹着玩玩，画着玩玩也就罢了，可是不，许多家庭都是认认真真把孩子当成钢琴家和画家来培养的。

很多父母都说："我们这辈子反正就是这样了，孩子一定要好好培养。"于是省吃俭用，给孩子置办了一架进口钢琴，花高价聘请了最好的美术老师，立志要培养出一个中国的"肖邦"、"达·芬奇"。

如果孩子有这方面的天赋，那应该好好培养。可是有的家长根本就不管孩子的天赋如何，看着别家的孩子学钢琴，自己也不甘示弱，赶紧给孩子制订了学习钢琴的计划，逼着孩子天天苦练，以为这样早晚成为著名的钢琴家。

其实，成材的路不止一条。如果你在坚持的道路上，发现孩子并不喜欢，或者没有什么天赋，那么就应当机立断，学会放弃。

人生苦短，韶华难留。选准目标，就要锲而不舍，以求"金石可镂"。但若目标不适，或主客观条件不允许，与其蹉跎岁月，徒劳无功，还不如学会放弃，"见异思迁"。如此，才有可能柳暗花明，再展宏图。班超投笔从戎，鲁迅弃医学文，都是"改换门庭"后而大放异彩的楷模。可见，如果能审时度势、扬长避短、把握时机，放弃，则既是一种理性的表现，也不失为一种豁达之举。

点评

只有适合自己的才值得坚持下去。世界上的人千差万别，适合于别人的，并不一定适合于自己。所以，在你发扬持之以恒的精神之前，务必先找到什么才是适合自己的。对不适合自己的，要懂得放弃。

2. 别错过最适合自己的职业

从事好职业，就意味着从事最适合自己的职业。然而有些人面对五花八门的职业选择，觉得眼花缭乱，不知道什么职业才是最适合自己的。选择职业就是接受挑战，奉劝大家抓住机遇，选择对了职业才能获得成功。

选择职业比努力工作更重要。一个人如果有时间坐下来回顾自己走过的路，多多少少总会有一些对当初选择的后悔。有人说："人生的悲剧说穿了就是选择的悲剧。随便选择将失去更好的选择。"我们姑且不论前半句话是否属实，但就成功而言，后半句话则值得重视。

当我们面对职业的选择，不断增强自己的主动性时，每一次选择的结果也同样变得愈加重要。

比方说，核能可以提高人民的生活水平，可它同样也能毁灭千万人的生命财产。经济的发展使我们富裕起来，却也给我们的空气、水和健康带来了严重危害。有些人对选择的后果毫不在乎，我要对他们说：选择还意味着承担责任。作为下个世纪的决策者，我们必须承担对和我们共同拥有这个地球的人们所负的责任。

王冬是北方一所名牌大学的高才生，学的是计算机专业。毕业时，一家国内知名企业执意要聘请他，另外也有几家外资企业要接收他。但他认为，凭着他的文凭，凭着他的学识，完全有能力在高一级的企业或机关任职，于是他断然拒绝了这些企业的聘请。

经过一番异常激烈的竞争，王冬终于在一家中央直属机关上班。在机关里，上司把他安排在大量数据的统计整理工作中，这与他学的专业相距十万八千里。王冬最初的热情在消退，变得心灰意冷起来，工作不断出现失误，而且由于出差时私自旅游而耽误了工作，受到主管领导的严厉批评。几年过去了，王冬原来的专业知识不但没有派上多大用场，反而慢慢忘得

一干二净了。有些时候，王冬也想过要调动工作，但专业知识已经忘得难以补救回来了。又过几年，因为他的工作没有多大起色而被单位炒了鱿鱼。这时他才深切体会到"一着不慎，满盘皆输"的道理。

就每个选择职业的人来说，充分认识自我是最关键的一着棋。如果王冬能够充分认识自己，不拒绝当年国企或外企的聘请，用己之长，避己之短，那么，他的命运便会截然不同，或许此时正漫步在人生事业的巅峰上。

前苏联心理学家索尔格纳夫认为，在发挥自己的最佳才能时，不要把"想做的"和"能做的"以及"能做得最好的"混同起来。而这，又常常是人们最容易犯的错误。

高才生王冬选择的职业，只是他最初想做的，而且在他看来，他也是"能做"的。数据统计和整理对于一个计算机专业的高才生来说，当然算不上什么。而关键的问题就在于，他选择的并不是自己"能够做得最好的"，这就是悲剧的根源所在。索尔格纳夫还说，每一个人不要做他想做的，或者应该做的，而要做他可能做得最好的。拿不到元帅杖，就拿枪；没有枪，就拿铁铲。如果拿铁铲拿出的名堂比拿元帅杖而总是打败仗要强千百倍，那么，拿铁铲又何妨？索尔格纳夫这个比喻，生动地说明了选择的重要性。

点评

> 一个人在错误地选择了工作岗位的时候，自然会没有兴趣，失去斗志，对待工作也就会得过且过了。所以，一定不要错过最适合自己的工作，要在最能发挥自己特长的职业领域里实现自己的价值。

3. 别人的意见，要有选择地听

要想在今天这个讲究合作的社会里生存下去，就需要周围人的理解、支持、合作和帮助，孤家寡人将一事无成。所以，你很多时候不得不去接受别人的宝贵意见，以避免走弯路。但这并不是让你处处都听别人的，毫无主见。要知道，别人的意见可以听，但要有选择地听，不要失去自己做人的原则。

生活中，那些一味听信别人意见、不懂选择、没有原则的人往往禁不住他人的诱惑，意志比较薄弱，遇到事情，最初还能遵循自己的原则，但经别人三言两语一劝，防线马上就崩溃了。

王师傅的身体一直不太好，医生嘱咐他一定要少喝酒，尽量不喝。他也给自己规定平时尽量不喝，如果实在推脱不掉就以三杯为原则，坚决不超过三杯。可是，生活中应酬常常很多，几个朋友坐在一起，常常要推杯换盏，边喝边聊。他本来规定自己只喝三杯，而且开始时方能坚持，但在朋友的再三劝说之下，几杯酒下肚之后，脑袋一热，什么三杯原则？五杯又能怎么样？于是，他把原则丢在了脑后，放开肚子喝了起来，结果喝得酩酊大醉，误了其他的事不说，连自己的老胃病也加重了，后悔不迭。

在社会生活中，由于分工和能力的不同，就必然要有领导者和被领导者。既要有人运筹帷幄、掌管大局，又要有人身体力行、动手去干。但是，不管干什么，都要有自己的原则、自己的立场，不能一点儿主见没有，没有自己的原则。这里的原则既包括办事的方法，也包括日常生活中为人处世的立场、原则，少了哪个都会给你带来困难，并将影响你的生活。

所以，做什么事情都要有个度，不能一味地去迎合别人而改变自己。超过了这个度，就是没有原则。什么事情没有原则，只会带来不良后果，

而不会有什么好的结局。

工作中不能没有自己的想法，只听命于他人，别人怎么说自己就怎么做。如果别人说得对还好，假若别人说得不对，而自己又不动脑筋，走弯路、浪费时间不说，有时难免要犯错误。

某村的小陆想挖鱼池养鱼，有人建议坑底要铺上一层砖，这样既干净还又会节省水；又有人建议说，不能铺砖，铺了砖鱼就接触不着泥土，对鱼的生长不利；还有人说……于是，小陆开始犯难了，左也不是，右也不是，不知该听谁的好。其结果是，事情就此搁了下来，并最终放弃了这个计划。

当然，这只是个简单的例子，生活中有许多事情要复杂得多，而且有些事情没有犹豫的时间，这就更需要我们要有自己的想法。既然别人的意见也不一定正确，为什么要去迎合别人而不试试自己的办法呢？

在古代寓言书中记载了这样一个故事：谁能解开奇异的高尔丁死结，谁就注定成为亚洲王。所有试图解开这个复杂怪结的人都失败了。后来轮到了亚历山大来试一试，他想尽办法要找到这个死结的线头，结果还是一筹莫展。后来他建立了自己的解结规则：拔出剑来，将结劈为两半，于是，他成为亚洲王。

这当然是传说，但这则故事告诉我们，亚历山大之所以成功地做了亚洲王，就是因为他有自己的想法，创立了自己的规则。他绝不是没有主见、没有办法之人。因此，我们干什么事情都要动脑筋，不要轻易听从他人的，更不要一味地去迎合他人的意愿，要有自己的一套规则。

办事没有原则，有时就表现为一味地迁就、顺从别人。由于自己没有立场，所以很容易被他人诱惑或利用。迎合别人，表面看来是和善之举，但实际上则是软弱的表现。软弱到一定程度就会逐渐失去自信，而没有自信的人是很难成就什么大事业的。有时，性格上的自卑和懦弱，也表现为没有自己的立场和观点。自卑，就会觉得处处不如别人；怯懦，则往往会导致自卑。时时看着别人的脸色行事，怎么能走自己的路呢？其实，这样做是大可不必的。每个人都是独一无二的。即便有时候你需要去迎合别人以赢得别人的信任和喜欢，但是在你的心底，还是要坚持自己的一个原则，不要人云亦云，以致被他人的言行左右自己的思想。

听取和尊重别人的意见固然重要，但千万不要用别人的标准给自己贴上标签。这样不仅会失去许多可贵的成功机会，有时还会失去自我。

～ 点评 ～

> 立足于今天的社会，如果你事事处处都听别人的意见，无原则地去迎合别人，那就像拿着小刀把自己身上独有的色彩一点点削掉，可想而知是一种多么愚蠢的行为。

4. 不该得到的东西坚决不要

孟子曾说过这样一段话："不要我所不要的东西，不干我所不干的事；求我必求，为我必为；当取则取，当舍则舍，如此而已。"鲁迅曾说过："拿得起是一种勇气，放得下是一种豁达。"

大多数人都不会嫌弃自己得到的太多，而是经常会抱怨自己拥有的太少。所以，有几个人能做到不该得到的东西坚决不要呢？能够做到如此的人，大概有两种：一种是天生豁达的人；另一种是经历多了这样的磨难的人，心已经被磨得无所谓了、豁达了，才会懂得取舍的价值。

当一个人知道自己要什么和不要什么时，自然会选择，也会适当地放弃。拿得起放得下，做起来其实没那么难，最难的是你要先说服你的心。不要苛求自己忘记什么，那样只会让它更加记忆深刻。记忆，是痛苦的来源，但我们不能因为痛苦而抛弃曾经的一切，顺其自然最好。

在这里，我们所不要的东西，既包括我们不必要的东西，也包括我们不该要的东西。不该要的东西坚决不要，小到公司办公室的纸张、信封，我们不能顺手牵羊；大到价值昂贵的金银财宝，我们不能占为己有。如果要了，欲壑难填，终有一天我们会一头栽进万劫不复的深渊。

有这样一个寓言故事：

朝廷里，子敬和景昌是冤家对头，他们俩一直在明争暗斗，都渴望能获得更高的位置和更大的权力。但是景昌比子敬走运，他被提拔了，而子敬却什么也没得到。怎么才能除掉景昌，使景昌身败名裂呢？子敬冥思苦想，终于想出了一条计策。

于是，子敬去拜见景昌，诚恳地说："景昌大哥，过去我有对不起你的地方，是我错了，你一定要原谅我呀！"

景昌见子敬登门认错，心下得意，摆出宽宏大量的样子说："没什么，

过去的事情别提了，咱们团结一致向前看。"

子敬隔三岔五经常到景昌府上走动，每次都带些小礼品，不轻不重，景昌渐渐地也就习以为常了。

有一天，子敬对景昌说："现在李员外和海秀才在争一片闲地为自己的私人属地，海秀才跟我关系一向不错，你看能不能帮海秀才说句话？"

这件事景昌是知道的，不是什么大事，就替子敬办了。之后，子敬拿了更多的礼品来感谢。

长此以往，子敬帮景昌办的事也越来越多，当然礼品也越来越重，不知不觉中，超过原则的尺度也越来越大。

终于有一次，子敬让景昌办一件很危险的事，并许诺事成之后必有重谢。

景昌不干，于是子敬取出一个小本，上面记着景昌每次受贿的时间、事由等，人证物证俱全，这些足以毁掉景昌的前程，不得已景昌答应再帮这一次忙，但是下不为例。

没有下一次了，很快东窗事发，景昌将在狱中度过自己的余生。

如果要了不该要的东西，就有可能会欠下用一辈子的时光也还不清的人情债；如果要了不该要的东西，我们付出的代价可能是自由，甚至是生命。

这世上谁又能真正明白取舍的真谛呢？我们绝大多数毕竟都是平凡人，有了感情，就对情放不下；有了金钱就对物放不下；有了职位就对权放不下。就是因为我们对于太多的外在的东西太在乎了，所以既不容易拿起也不容易放下，这使我们生活在这世间，过得非常艰苦，有太多的无奈。

我们常常告诉别人不该要的东西不要，可当问题是发生在自己身上时就不管用了。其实，有取舍是解脱内疚和忧虑的行动的钥匙。学会不过度忧虑，取舍——取舍——再取舍，即使很难做得到，仍不失为一条能够走向快乐的道路。

点评

不要不该要的东西，不是胆小怕事，不是愚蠢不开化，而是一种智慧，它能为你换来平安、快乐与幸福。

5. 不要为了一棵树，而放弃整个森林

古人云："鱼与熊掌不可兼得。"智者说："两弊相衡取其轻，两利相权取其重。"这些所说的都是选择的智慧。通俗点说就是不能为了一粒芝麻，而丢掉西瓜；更不能为了一棵树，而放弃整个森林。

从前有一个死心眼的人叫侯源，手抓了一把豆子，高高兴兴地在路上一蹦一跳地走着。一不留神，手中的一颗豆子滚落在地上。为了这颗掉落的豆子，侯源马上将手中其余的豆子全部放置在路旁，趴在地上，转来转去，东寻西找，却始终不见那一颗豆子的踪影。

最后侯源只好用手拍拍身上的灰土，回头准备拿取原先放置在一旁的豆子。怎知那颗掉落的豆子还没找到，原先的那一把豆子，却全都被路旁的鸡鸭吃得一颗也不剩了。

在这个物欲横流的社会，很多人对于金钱名利的追求过于执著，不也像故事中的侯源只是顾及掉落的一颗豆子，等到后来，终将发现所损失的，竟是所有的豆子吗？想想，你现在的追求，是否也是放弃了手中的一切，仅追求掉落的一颗！

想要驾驭好生命之舟，我们面临的是一个永恒的主题：学会放弃。如果只懂得抓住不放，甚至贪得无厌，那么，在这个灯红酒绿的花花世界，那么多的诱惑如何去抗拒？

人们总是希望可以拥有所有自己想要的，以为拥有越多就会越快乐，这其实是一种执拗，它会迫使我们沿着错误的路走下去。当我们受了很多苦后才发现：我们其实是为了一棵树，而失去了一整片森林。不懂放弃或过分执著，让我们失去了更多。

传说，在非洲的热带原始丛林中，当地人用一种奇特的狩猎方法捕捉猴子：在一个固定的小木盒里面，装上猴子爱吃的坚果，盒子上开一个小

口，刚好够猴子的前爪伸进去。猴子一旦抓住坚果，爪子就抽不出来了。人们常常用这种方法捉到猴子，因为猴子有一种习性，不肯放下已经到手的东西。

人们总会嘲笑猴子的愚蠢：为什么不松开爪子放下坚果逃命？但审视一下我们自己，也许就会发现，并不是只有猴子才会犯这样的错误，我们也会经常做丢了西瓜捡芝麻的事。

有些人就是因为放不下到手的职务、待遇，而错失了更好的发展前途。一些人是放不下拥有金钱的欲望，所以费尽心思，想利用各种机会去大捞一把，结果作茧自缚，陷入生命的泥淖。也有一些人因为放不下对权力的占有欲，而热衷于溜须拍马、行贿受贿，事情败露，面对的是法律的严惩。还有一些人放不下美貌的诱惑，最终落得妻离子散人财两空……这些人得不偿失的行为，都是只看到了一棵树而不见整片森林，最后结果当然是错失了整片森林。

太多的物欲和虚荣必然是我们的有限经历所难以承载的，要想使我们的生命之舟在抵达彼岸前不在中途搁浅或沉没，就必须轻载，只取需要的东西，把那些应该放下的果断地放下。唯有如此，才能到达更为光明的彼岸。

点评

> 　　不论是做人还是做事，都是难免要有取舍的，我们要学会放弃一棵树木，然后轻松上路，寻找更辽阔的森林。这就像在沙漠上驮着金子走不动的旅人，必要的时候，要卸下金子，去寻找维持生命的水源。

6. 不可抱着元宝跳下井，要钱不要命

现实生活中，越来越多的人为了钱而不要命。他们每天的工作远远不止 8 个小时，有的甚至会超过 15 个小时，所以有的人猝死在了自己的工作岗位上，也就是我们常说的"过劳死"。而导致这种结果最直接的原因就是不懂得选择与放弃，结果只能是抱着元宝跳下井，要钱不要命。

2004 年 10 月，均瑶集团董事长——38 岁的王均瑶去世。2005 年 1 月 22 日晚，年仅 36 岁的清华大学讲师焦连伟突发心脏骤停，经抢救无效死亡。2005 年 1 月 26 日，同为清华大学的 46 岁教授高文焕患肺腺癌不治而亡。这些精英人物的早逝，引起了社会各界人士极大的关注，人们将祸首直指压力过大而导致的"过劳死"。

"过劳死"最简单的解释就是超过劳动强度而致死，是指"在非生理的劳动过程中，劳动者的正常工作规律和生活规律遭到破坏，体内疲劳蓄积并向过劳状态转移，使血压升高，动脉硬化加剧，进而出现致命的状态"。

民间有句俗话说："抱着元宝跳井，要钱不要命。"放弃过多的对金钱的欲望吧，不要成为那个抱着元宝跳井的傻子。要知道，人体就像一个弹簧，劳累就是外力，当劳累超过极限或持续时间过长时，身体这个弹簧就会发生永久变形、老化，甚至绷断。

我国台湾作家吴淡如说："没有任何东西比你自己的身体值钱，对自己好一点，并不浪费。记住这一点，才有资格活命。"的确，没有什么比生命更宝贵了。无论与什么放在一起，你首先都要选择生命，这才是最重要的。

如今，随着生活节奏的加快，越来越多的人承受的工作、生活压力在不断加大，使越来越多的人处于亚健康状态，人们如果不注意调节和防治，很容易出现过劳死。在我国，30 到 50 岁青壮年过劳死现象日益突出。

有关资料表明，直接促成"过劳死"的五种疾病依次为：冠状动脉疾病，主动脉瘤，心瓣膜病，心肌病和脑出血。过劳死与一般猝死几乎没什

么不同，但它隐蔽性较强，先兆不明显，所以很容易被人们忽视。而发生过劳死的人在突然死亡前往往处于亚健康状态。如今，美国疾病控制中心已正式将引发过劳死的罪魁——亚健康命名为"慢性疲劳综合征"，而亚健康人群无疑正是"过劳死"的预备军。

大多数的人之所以选择拼命工作挣钱，都因为没有意识到那是以生命为代价的。其实，很多人都是由于长时间的过度疲劳使身体一直处于亚健康状态，最终导致积劳成疾的。如今越来越多年轻人的不健康的生活方式，比如生活不规律、经常熬夜、吃夜宵并且早上赖床，造成胃酸分泌过多，严重损害肠胃健康，这都是身体健康的隐形杀手。

为了远离亚健康状态，有关专家提醒大家要尽量自己做饭，避免不规律的饮食，少参与应酬性的宴会和晚会。因为宴会上的食物偏辣、偏油腻，还有过多的食物添加剂和烟酒，都对胃有很大的伤害。此外，不要对自己要求太苛刻，要适度休息，长期通宵达旦地工作，会使体内产生许多毒素，而且有些毒素会随着血液进入大脑，能迅速引起中枢系统的"中毒"症状。还要定期体检，无论中青年还是老年人，也不论体力劳动者还是脑力劳动者，最好每年做一次体检。重要的是要保持体检的连续性，不要中断，以便早期发现高血压、高血脂、糖尿病，特别是隐性冠心病，做到防患于未然。

钱与命，孰轻孰重，看起来一目了然，但是有几个人真正选择了重要的呢？大部分人总是认为，"我的身体很健康，多工作一会儿没什么影响的"，"现在不挣钱，什么时候挣钱呢？"于是，越来越多的人选择了拼命地工作加班，对自己的健康很少关注。

究竟是什么原因促使这么多人，不惜生命的代价去工作？调查发现，82％的人选择了每天工作 15 小时以上，唯一的条件就是"奖金如果足够高"。尤其是在 20～40 岁的人中，这种想法相当普遍。

第六章 懂取舍，拿得起还要放得下

ZuoRenYaoHuo
ChuShiYaoYuan

·点评·

> 无论出于什么样的原因，玩命地工作都是在透支生命。但是很多人并没有意识到这一点，正应了那句话："年轻的时候，拿命去换钱。年老的时候，拿钱去换命。"其实，这是典型的捡芝麻丢西瓜的表现。如果你挣了足够多的钱，却耗尽了生命，要那么多钱又有什么用呢？

7. 该说 "不" 时就说 "不"

你是否有这样的经历，明明想对对方说 "不"，却活生生地把这个字吞到肚子里，回家后又越想越不对劲："当时应该拒绝他的。" "我怎么这么没用，不敢说出真心话。" 你自责不已、悔不当初，最后陷入不安与沮丧中，久久无法释怀。

不是不敢向对方说 "不"，而只是因为你不想得罪人！但要知道，有时候人是必须要选择拒绝的。

然而，当我们委屈自己让别人高兴时，对方却不会用同等的好意来回报你，甚至已习惯 "利用" 你。你牢骚满腹、抱怨连连，那是你的事，谁叫你不选择拒绝对方呢？

的确，有时候说 "不" 并不容易。那么，是否说 "不"，又该如何把握呢？

首先，我们必须在作出一个选择前，快速地算一算选择不同方向所需要付出的成本。如果说 "不" 的成本要远远小于不说，我们为什么不快点说呢？当一个人能够克服 "不好意思拒绝" 的心理，并具备 "拒绝他人" 的技巧时，由此而节省的时间和精力将十分可观。

业务员的销售技巧里有这么一招：从一开始就让顾客回答 "是"，在回答几个肯定的问题之后，你再提出购买要求就比较容易成功。同理，当你一开始对自己说 "我做不到" 或 "我不行" 的时候，自己就陷入了否定自我的危机，然后就会因拒绝任何的挑战而失去信心。

当然，我们必须努力去做一个绝不说 "不" 的人；可是，当遇到别人不合理的请求时，我们是否也要委曲求全答应对方呢？

这个时候，你千万不要因为不能说 "不" 而轻易地答应任何事情，而应该视自己能力所及的范围，千万不要明明做不到，却不说，结果既造成

了对方的困扰，又失去了别人对你的信任。

20世纪，雪莉·茜在只有30岁出头的时候，就当上了福克斯电影公司董事长，是第一位在好莱坞主管一家大制片公司的女士。为什么她有如此能力呢？主要原因是，她言出必行，办事果断，最重要的是她懂得在该说不的时候说"不"。

好莱坞经理人欧文·保罗·拉札谈到雪莉时，认为与她一起工作过的人，都非常敬佩她。欧文表示，每当她请雪莉看一个电影脚本时，她总是马上就看，很快就给答复。不过好莱坞有很多人，给他看个脚本就不这样了，若是他不喜欢的话，根本就不回话，而让你傻等。

通常一般人十之八九都是以沉默来回答，但是雪莉看了给她送去的脚本，都会有一个明确的回答。即使是她说"不"的时候，也还是把你当成朋友来对待。这么多年以来，好莱坞作家最喜欢的人就是她。

虽然说"不"难免会让对方生气，但与其答应了对方却做不到，还不如表明自己拒绝的原因，相信对方也会体谅你的立场。选择拒绝别人，并不是一件什么罪大恶极的事情，也不要把说"不"当成是要与人决裂。是否把"不"说出口，应该是在衡量了自己的能力之后，作出的明确的回应。

不过，当你拒绝对方的请求时，切记不要咬牙切齿，绷着一张脸，而应该带着友善的表情来说"不"，这样才不会伤了彼此的和气。除了对别人该说"不"时就说"不"，同时对自己也要勇敢地说"不"。

美国电话及电报公司的创办者塞奥德·维尔，经历过无数次失败之后，才学会了如何把握选择拒绝的分寸。

年轻时的他，无论做什么事都缺乏计划，一事无成地混日子，连他的父母也对他感到失望，而他自己也陷入了绝望之中。

二十岁那年，他离家独自谋生时，给自己写了一封信："夜晚迟迟不睡，而撞球或者喝酒，这些事是年轻人不该做的，所以我决定戒除。但是对这决定我应该说什么呢？是不是还照旧说'只这一次，下不为例呢？'还是'从此决不'了呢？以前已经反复过好几次了。"

维尔最大的野心是买裘皮毛衣及玛瑙戒指，虽然在当时不能说是太大的奢望，但对他来说是很难的。于是他无时不克制自己，以求事事三思而

后行。这种坚决的克制态度，使得他由默默无闻的员工调升到铁路公司的总经理。

在选择向别人说"不"的同时，也要选择向自己说"不"，尤其是创立电话电报这样巨大组织的时候。正因为这样，维尔才能避免陷入因一时冲动而误了大事。

点评

选择说"不"没什么开不了口的，只要克服"不好意思拒绝"的心理障碍，站得住立场，守得住自己的利益，就请勇敢地向别人说"不"吧。这也是人生中必须作出选择的一部分。

8. 选择下山，才能攀登更高的山

人生遇到挫折并不可怕，可怕的是我们没有选择面对和重新开始的勇气。其实，失败就像你从一座已经攀爬了好久的山上下来，虽然前功尽弃，但要知道，我们下山就是为了再次登上更高的山。这完全可以被看成是一种人生的选择策略。

选择"下山"，其实是很平常的事情，关键是你看待失败的角度。有时候，我们现在的失败或者挫折，反倒给自己提供了走向另一个成功的契机，我们落入低谷，其实是为了更好地登上另一个峰顶。只有选择面对，才能找到解决问题的办法。

陆涛大学毕业后，就进入一家大型公司工作，由于踏实肯干，能力突出，没几年就做到了市场部经理的位置。他的前途一片光明，自己也是春风得意。

天有不测风云。没过多久，公司出于战略调整的考虑，撤销了市场部，他的经理一职也自然就没有了。他在一夜之间沦为一个普通的业务员。陆涛面对如此状况，对工作也没了热情，甚至有了得过且过的想法。

一天下班之后，他被总经理叫住。总经理要和他一起到郊外爬山。他们费了好大的精力才爬上山顶。正当陆涛迷惑不解的时候，总经理指着远处的一座高山问道："你说咱们这座山和对面那座，哪个更高大？"他回答道："当然是那座山了，全市第一嘛！"

总经理缓缓地点了点头："那么我们现在怎么才能到达那座山的山顶呢？"陆涛怔了一怔："先从这座山下去，再上那座山。"

总经理回过头来笑道："你说得很对！有时候，选择暂时的'下山'不完全是坏事。你一定很希望我把你直接放在销售经理的职位上吧？就像我们刚才说的，销售和市场也是两座山，除非你是天才，能直接跳过去；我们这些凡人只有一步一步去做比较实际。更何况，在你面前的，不仅仅只有这两座山，远处还有许多更高的山在等待你去选择呢！"

陆涛明白了总经理的意图，也懂得了取舍的意义。他现在也觉得自己在做销售方面，确实有许多东西要学习和补充，例如经验和知识。他又找回了以前的工作热情，工作上开始积极主动。半年后，他又做到了经理的位子——销售部经理。两年后，他又成为总经理助理。现在摆在陆涛面前的是一座更高的山。

面对挫折和失败，我们应当采取一种积极的策略，即把失败看成走向成功的另一个起点，一个你生命中新的开始。事实上，对于每个人而言，最要命的不是面临低谷，而是当面临人生的低谷时却不知道如何走出来，不知道如何重新起步，重新获取自信和勇气。

每个人的一生都不可能事事如意，生命总是在起起落落中完成升华的。问题是，我们如何看待生命的起落。工作、生活、学习中的失意和得意，其实就是一个上山下山的过程，就是一个磨炼的过程。对于这样的过程，我们只要注意调整一下自己的情绪和思路，就能从低谷中跳出来，重新开始自己新的旅程，走向更大的成功。

面对失败和不如意，选择暂时先下山，其实是一种以退为进的策略。我们很容易明白这个道理，为了往前跳跃我们往往要先后退一步；为了使自己出拳更有力，我们得先把拳头收回来。这和我们面对挫折的情况是差不多的，唯一的区别就是后者我们是被动的。但这其实没有什么不同，为了获得更好的结果，我们甚至都能主动后退，那么即使有时候被动一下，又有什么关系呢？我们都是为了下一个成功。

黄河入海，尚有九曲十八弯的过程，何况我们？无论任何事物，都不可能是有进无退的。所以，能进能退，才是人生的基本规律。一时的挫折不算什么，暂时的下山也没什么了不起，只要我们记住我们前进的方向——下一座更高的山。

〰️🎋 点评 🎋〰️

就像我们经常说的，前途是光明的，道路是曲折的。所以，遇到挫折，不要选择放弃。而要把它当做一个新的开始，把它看成是为了登上另外一座更高的山峰而做的准备而已，有了这种轻松取舍的心态，我们最终一定能够成功。

9. 该跳槽时就跳槽

　　当在一个单位感觉处境不妙时，不但无用武之地，可能连正常开展工作都很困难；或是觉得"庙"太小，无法学到更多有用的东西，只会埋没自己的才华。那么，就不要再浪费时间和精力，该跳槽就跳槽吧。

　　在计划经济体制下，"跳槽"曾经被认为是一种不安于工作，对企业不忠的行为，个人不敢堂而皇之提出，企业对此更是厌恶。但是，市场经济是要求人才自由流动的，员工跳槽现象将会越来越普遍，它也将如其他资源一样自由流动，最终达到整体资源的最优化。

　　员工离职的原因很多，比如事业没有发展机会、与上司关系不好、待遇不好、专业不对口等等。不管哪种原因，都会影响到其工作情绪。既然如此，与其等待被"炒鱿鱼"，还不如自己主动"跳槽"，另寻发展机会。我们要坚信"天生我材必有用"、"树挪死，人挪活"的信念，该"跳槽"时就"跳槽"。

　　当你在工作中的处境，出现以下不妙的征兆，就说明你该跳槽了。

　　（1）突然调动你的工作岗位。

　　你在自己的工作岗位一直干得还不错，领导却突然调动你的岗位，而且理由不充分，用类似于"工作需要"之类的模糊理由来搪塞你的质询。

　　（2）不给你安排重要工作。

　　也许你一直承担重要的工作，但现在却派给别的人去干，把你撇在一边。

　　（3）小错重罚。

　　本来可以提醒注意的小过失，你过去的经历中或者同事都没因这类过失而受罚，但现在却"认真"地处罚你。

　　（4）让别人参与你职责范围的工作。

并不是为了减轻你的工作负担，而是有意要让别人取代你。

（5）忘记你应该得到的奖励。

按常规该表扬或奖励的成绩，上司却似乎"忘记"了。

如果出现上述现象，说明上司对你不再信任，也不会重用你，甚至想赶你走。对于一些不是"老板"说了算的国有单位，上司可能在用这些办法"温柔"地逼你辞职。

排除上述原因，当你对工作丧失兴趣和热情时；当你已经产生了"害怕上班"的心态；当你的工作负荷、压力长期过大时；当你遇到巨大的外来"拉力"时；当碰到猎头找上门来，送上你梦想的职业机遇时；那还犹豫什么？这就是该换工作的时候了。通过一次跳槽同时实现几个职业愿望，这样的机会是可遇不可求的。

当然，跳槽也不是说跳就跳的，那也是需要主动辞职的技巧的。

技巧一：目的一定要明确。因为什么原因而辞职，一定要想清楚。

弄清楚自己的目的以后，再来比较一下"旧"单位与"新"单位哪个更能满足你的目的，然后再决定是否要主动辞职。是因为混不下去？还是有更好的单位在等着自己？如果有更好的单位在等着自己，一定要认真评估一下，你弃旧图新的目的是什么？是为了获得更多的收入还是为了获得更为综合的发展？

技巧二：找出"正当理由"说服上司放你走。

如果以无用武之地为辞职理由，可能会伤害上司的自尊心，他有可能会故意"卡"你。因而一定要找出一个"正当理由"让上司感到确实难以拒绝，就只好同意。比如，以收入低为理由时，就要把你的家庭经济困难的程度渲染一下，让他觉得他无法帮你解决困难而不得不让你去寻找更高收入的单位。

技巧三：自动离职。这是跳槽者尽量避免的方式。所谓自动离职是指本人固执己见地离开工作岗位而造成自失公职。一般表现为旷工超过规定时限，或要求停薪留职及辞职未获组织同意而擅离职守，最后被所在单位除名。以后即使被其他单位录用，工龄也从重被录用之日计算。因此，在调动工作时，应尽量避免此种方式。

有专家表示，当公司的成长非常缓慢时，给个人提供的发展空间就渐

渐变小，个人通过跳槽来寻求新的职业发展是完全可以理解的，也是必要的。

判断你是否该跳槽，关键是看现有岗位是否还对你有吸引力。大多数的工作都具有很强的重复性，一年两年、三年五年总是在重复相同的工作，很多人对此都会感到厌烦，希望能够调换另一份工作。跳槽也许能马上给你带来新鲜感，但需要提醒你的是，你应考虑你能否长期对一份工作保持热情。

〜点评〜

对于职场个体来说，在不利的形势下，怎么走，何时走，也有策略和时机的选择。当种种迹象都显示你应该跳槽的时候，那么做好准备，三十六计，"走为上"。

第七章

留余地,游刃有余自从容

做人处世,要把握好尺度,万事都要留有余地。不论做什么事都难有百分之百的把握,变数始终存在。所以在没有成功的绝对把握时,应该先给自己留点余地,以便进退自如,来去从容。

1. 适可而止，留下回旋的余地

有一个叫小楠的七岁小孩，大家都说他傻。因为如果有人同时给他 5 毛和 1 元的硬币，他总是选择 5 毛，而不要 1 元。有个人不相信，就拿出两个硬币，一个 1 元，一个 5 毛，叫那个小孩任选其中一个，结果那个小孩真的挑了 5 毛的硬币。那个人觉得非常奇怪，便问那个孩子："难道你不会分辨硬币的币值吗？"小楠小声说："如果我选择了 1 元钱，下次你就不会跟我玩这种游戏了！"这就是那个小孩的聪明之处。

的确，如果他选择了 1 元钱，就没有人愿意继续跟他玩下去了，而他得到的，也只有 1 元钱！但他拿 5 毛钱，把自己装成傻子，为以后拿到更多的 5 毛钱留下了回旋的余地。于是傻子当得越久，他就拿得越多，最终他得到的，将是 1 元钱的若干倍！

因此，在现实生活中，我们不妨向小楠学习——舍 1 元钱，而取 5 毛钱！适可而止，留下回旋的余地。

但在社会上，更多的人却常有一种不拿白不拿、不吃白不吃的贪婪！殊不知你的贪不仅损害了他人的利益，还会使他人对你的贪反感。或许他人可以容忍你的行为，不在乎你的贪；但如果你懂得适可而止，他会对你有更好的印象与评价，并因此愿意延续和你的关系。

有个富人去拜访一位部落首领。首领说："你从这儿向西走，做一个标记，只要你能在太阳落山之前回来，从这儿到那个标记之间的地都是你的了。"富人很高兴，马上动身。但太阳落山了，富人却没有走回来，因为走得太远，他累死在路上了。

可叹的是，现代社会充斥着下列现象：人际关系一次用完，做生意一次赚足！以为自己这样做是聪明，殊不知这都是在断自己的路！

贪心人走不回来，是因为贪。然而现实生活中还有一些人，他们不

贪，可是也走不回来。

在工作和生活中有好多种走不回来的人。

他们认为要做好这一件事，必须得去做前一件事；要做好前一件事，必须得去做更前面的事。他们逆流而上，寻根探底，直至把原始的目的淡忘得一干二净。这种人看似忙忙碌碌，一副辛苦的样子，其实，他们不知道自己在忙什么。起初，个别人也许知道，然而一旦忙开了，还真的不知道忙什么了。

有一次，张小雨要在客厅里挂一幅画，请邻居来帮忙。画已经在墙上扶好，正准备钉钉子，邻居说："这样不好，最好钉两个木块，把画挂上面。"

木块很快找来了，正要钉，邻居说："等一等，木块有点大，最好能锯掉点。"于是张小雨便四处去找锯子。找来锯子，还没有锯两下，"不行，这锯子太钝了，"邻居说，"得磨一磨。"

邻居家有一把锉刀，锉刀拿来了，他又发现锉刀没有把柄。为了给锉刀安把柄，张小雨又去住宅园边的一个灌木丛里寻找小树。要砍下小树，邻居又发现那把生满老锈的斧头实在是不能用。张小雨又找来磨刀石，可为了固定住磨刀石，必须得制作几根固定磨刀石的木条。为此张小雨又去找一位木匠，说木匠家有一现成的。然而，这一走，就再也没见他回来。

欲望的永不满足不停地诱惑着人们追求物欲的最高享受，然而过度地追逐利益往往会使人迷失生活的方向。因此，凡事适可而止，才能把握好自己的人生方向。

几个人在岸边垂钓，旁边几名游客在欣赏海景。只见一名垂钓者竿子一扬，钓上了一条大鱼，足有一尺多长，落在岸上后，仍腾跳不止。可是钓者却用脚踩着大鱼，解下鱼嘴内的钓钩，顺手将鱼丢进海里。围观的人发出一片惊呼，这么大的鱼还不能令他满意，可见垂钓者雄心之大。就在众人屏息以待之际，钓者渔竿又是一扬，这次钓上的还是一条一尺长的鱼，钓者仍是不看一眼，顺手扔进海里。第三次，钓者的钓竿再次扬起，只见钓线末端钩着一条不过几寸长的小鱼。众人以为这条鱼也肯定会被放回，不料钓者却将鱼解下，小心地放回自己的鱼篓中。众人百思不得其解，就问钓者为何舍大而取小。钓者回答说："哦，因为我家里最大的盘

子只不过有一尺长，太大的鱼钓回去，盘子也装不下。"

当然在今天，像钓鱼者这样舍大取小的人是越来越少，反而是舍小取大的人越来越多。

俗话说，贪心图发财，短命多祸灾。心地善良、胸襟开阔等良好的品性，才是健康长寿之本。贪图小便宜，终究是要吃大亏的。

主持在一家店铺里看到一尊精致的释迦牟尼铜像，心想若能带回寺里，该有多好啊。可店铺老板却要价5000元，分文不能少，加上见主持如此钟爱它，更加咬定原价不放。主持回到寺里对众僧谈起此事，众僧问主持打算以多少钱买下它。主持说："500元足矣。"

"怎样普度他呢?"众僧不解地问。"让他忏悔。"主持笑答。众僧更不解了。主持说："只管按我的吩咐去做就行了。"

第一个和尚下山去店铺里和老板砍价，和尚咬定4500元，未果回山。第二天，第二个和尚下山去和老板砍价，咬定4000元不放，亦未果回山。

就这样，直到最后一个和尚在第九天下山时，所给的价已经低到了200元。眼见着一个个买主一天天离开，价钱却一个比一个给得低，老板很是着急，每一天他都后悔不如以前一天的价格卖给前一个人。他难免深深地自责：自己太贪心了。

第十天，主持亲自下山，说要出500元买下它。老板高兴得不得了，价格竟然反弹到了500元! 当即出手，高兴之余另赠送主持一具龛台。

─── 点评 ───

大千世界，万种诱惑，什么都想要，终会不堪重负而被累死。该放就放，懂得适可而止，你会轻松快乐一生。

2. 话不说满，要给自己留后路

在一些场合说话懂得"话不说满，模糊表态"的道理，不给他人留下话柄，可以让你在一些复杂的、困难的和尴尬的局面中为自己留条后路。

所谓"话不说满，模糊表态"即是采取恰当的方式、巧妙的语言，对别人的请求或者是意见作出间接的、含蓄的、灵活的表态。其特点就是不直截了当地表明态度，避免最后事与愿违的尴尬和责任的承担。

单位领导就某项决策征求员工意见的时候，在表现自己的同时，别忘了给自己留一条后路。当你在单位决策上发表自己看法的同时，别忘记加上一句话，"这仅仅是我个人的想法，还要看上级的最终决策"。

事情办成了当然是皆大欢喜，但如果出现了问题，每个人因为自保都会推卸责任的，而关键就在当时大家发表意见时每个人的说法了。

一个公司的产品部经理在每个产品进行市场预测的初期，总是要开公司会议，还经常叫上销售部和设计部共同讨论。同时私底下也会征求个人意见。

正所谓"初生的牛犊不怕虎"。开会的时候，公司新来的两个员工孙壮和赵书辉都表达了自己超前的思想，得到了公司领导包括销售部和设计部的好评。而且两人在阐述自己想法的同时，还强调如果按照他们的方法做一定会成功。产品部经理当即表示要孙壮和赵书辉一起写一份详细的计划书出来，公司一定会认真考虑。此话一出，孙壮和赵书辉欣喜若狂。作为新人的他们能得到领导如此重视，想来也算是幸运的吧。但是新产品在制作的过程中出现了问题，这令公司上下非常紧张。

事后，当公司处理这个问题责任的时候，孙壮和赵书辉成了众矢之的。而本该为这个项目负责的产品部经理、参与产品研讨的销售部经理和设计部经理都相安无事。最后，孙壮和赵书辉出于无奈，递交了辞职信。

事外的人，大概都认为那些领导应该为这件事情负责吧。正常来说，领导不仅肩负着本部门的工作，公司发展和重要决策的制定他们也应该负90％以上的责任。但这次公司新产品出了问题，为什么不让领导来负责，而是拉出了孙壮和赵书辉这两个替罪羊呢？原因就出在产品部经理让孙壮和赵书辉共同写的计划书上。当初让他们写的原因是希望参考年轻人的想法，当然，如果出现问题自然有文字上的东西为公司中层们开脱。

话不说满就是给自己留有回旋的余地。有些问题需要进一步了解事实真相，或看看事态的发展及周围形势的变化方可拿主张。孙壮和赵书辉也有问题，他们不懂得"模糊表态"的说话方法，最终留下了话柄。他们在开会时不仅表明了自己的想法，还要在后面加上按照这个方法来做一定能够成功。这种飘飘然的自我夸大，也注定了他们最后自讨苦吃的结果。当公司要追究责任的时候，产品部经理把孙壮和赵书辉共同写的文书一交，自然把自己的责任推得一干二净。

所以当别人征求你意见的时候，在阐述自己想法的同时，一定要注意"话不说满"，千万别忘了加上一句"这仅仅是我个人的想法，还要看上级的最终决策"。这样不仅表达了自己的看法，关键时刻还不用负责任，达到明哲保身、留有后路的目的。

有时候"话不说满"还可以作为拒绝别人的最佳方法，既留给了对方面子，也不会让自己为难。它可以让对方保留一点希望之光，有利于稳定对方的情绪。

当有人要求你解决或答复问题的时候，他的内心其实一定寄予着厚望，希望事情能如愿以偿，圆满解决。如果突然遭到生硬的拒绝，由于缺乏必要的心理准备，很可能因过分失望或悲伤，心理上难以平衡，情绪难以稳定，产生偏激言行，有碍于人际交往。相反，倘若话不说满，一切都尚未完全说死，则使他感到事情并非毫无希望，也许经过更多的努力或者过一段时间机会降临，事情会向好的方向转化，因而情绪趋于稳定。

凡事没有必然的定式，并不是说在任何情况下都要"话不说满"。任何事情的发展变化都得有个过程，有的还得有一个相当长的演变过程。当事情处于发展变化初期，实质性的问题尚未表露出来，这就难于断定其好坏、美丑、利弊、胜负。这时，就需要等待、观察、了解研究，切不可贸

然行事，信口开河地去下定论、承诺。

> 话不说满就能给自己留下一个仔细考虑、慎重决策的余地。否则，君子一言，驷马难追，不仅给人际关系造成不应有的损失，也会因此影响自己的前途和声誉。

做人要活 处世要圆

ZuoRenYaoHuo
ChuShiYaoYuan

3. 要给对方留些说话的空间

许多人认为交往中话不能少说，甚至有人口若悬河、滔滔不绝。其实让交谈能顺利进行，最佳方案绝不是你一个人的独角戏，而是要给对方留些说话的空间。

在恰当的时间，恰当的话题，成为谈话中以听为主的听众，给发话者以呼应，或赞成，助其深入；或反对，引起思考，也能表现出你的说话水平。

有的人在谈话中，喜欢不给他人插话的机会，或者是没有给他人留下足够的时间表达自己的意见。表面上看起来，谈话场面很热烈；而实际上，因为缺少其他人的参与，呈现出外热内冷的局面。

这里有性格方面的原因，有的人天性就爱在他人面前表现自己；也有不善于运用谈话技巧方面的原因，不管出于哪种原因，都是一种不良的表现。切记，沟通是谈话最重要的目的，只有双向交流，才可以使谈话场面热烈，气氛和谐。

我们敬爱的周总理之所以被亿万人赞颂，其中很突出的一条就是他在听别人讲话时态度极其认真，不论对方职位高低、年龄大小都同样对待。对此，美国一位外交官曾评价道："凡是会见过他的人，几乎都不会忘记他。他身上焕发着一种吸引人的力量。长得英俊固然是一部分原因，但是，使人获得第一印象的是他的眼睛……你会感到他全神贯注于你，他会记住你和他说的话。这是一种使人一见之下顿感亲切的罕有天赋。"

所以，我们要成为一个受人尊敬、崇拜的人，就应该向周总理学习，学会去倾听别人说话。尽量不要去堵别人的话头，使说者欲言又止，产生反感。即使对方看上去是在对你发脾气，也不要反击。别人的情绪或反应，很可能和你一样，是由于畏惧或是受到挫败而造成的。这时你可做一

个深呼吸，然后静静地从一数到十，让对方尽情地发泄情绪。例如说："多告诉我一些你所关心的事"或是"我了解你的失落"。这些话总比立即堵住他的话头，如说"喂，我正在工作"或"这不是我分内的事"，要好得多，因为这样很容易激怒对方。

我们可以打个比方：做过推销工作的人大概都认为遇到那些喜欢讲话的顾客是件很麻烦的事，因为当推销员拜访他时，他高谈阔论起来就滔滔不绝，使得推销员在那里停留的时间要比预定的时间多，倘若告辞的时机与方式不恰当的话，又会被顾客认为是服务不够周到，推销产品缺乏诚意。所以，这个时候推销员要有耐心，千万不要堵住他的话头。有的顾客是有意地拿"多侃"做挡箭牌，占用更多的直销时间，使推销员更多的是在听顾客海阔天空不着边际地"胡侃"，而陷于被动。在这种情况下，有经验的推销员首先要及时指出顾客说话内容中矛盾的地方，发现顾客内心真实的欲望，但不可让顾客对推销产生抵触情绪。然后，要尽快给顾客一种错觉，好像推销员一直在全神贯注地听着，使顾客认为自己把推销员弄得糊里糊涂，随后放松警惕或抵触心理，甚至开始对产品进行胡乱评价。这个时候，推销员可以利用顾客内心的矛盾、误解、欲望，用简捷的方式突然直击要害，逼其对关键环节表态，促使事情明朗化。

点评

> 谈话不是演讲，不是个人表演的独角戏，而是双方交流的活动。在谈话中，一定要给对方留些说话的空间。只以自己为中心，好像他人都不存在似的，长久下去，会令人生厌。

4. 为人处世留缝隙，得饶人处且饶人

人生在世，为人处世要留缝隙，任何事情都不要做得太绝，得饶人处且饶人。宽容别人就是宽容自己，给别人留条后路就是给自己留条后路。

古人在建房子的时候，都会在需要的地方恰到好处地留一点空间，从而避免拉裂或挤压变形出现。可以说，这就是以不太完美的形式达到完美的境界。

宋代的吕蒙正，每当遇到与人意见相左时，他必定以委曲婉转的比喻来晓之以理，动之以情。由于他胸怀宽广，气量宏大，有大将风度，皇帝对他很是信任。

当吕蒙正初次进入朝廷的时候，有一个官员指着他说："这个人也能参政吗？"

吕蒙正假装没听见，付之一笑。

他的同伴为此愤愤不平，要质问那个官员叫什么名字。吕蒙正马上制止他们说："一旦知道了他的名字，就一辈子也忘不了，不如不知道的好。"

当时在朝的官员也佩服他的豁达大度。后来那个官员亲自到他家里去致歉，两人结为好友，相互扶持。

吕蒙正这样做是对的，为人处世，留有缝隙，是一种君子风度，可以显示一个人博大的胸襟和深厚的修养。

其实，在为人处世方面就应该这样，留一点缝隙，也就是为自己留一条后路。如果我们时时处处工于算计，事事锱铢必较，不给别人留半点余地，不让自己牺牲一点利益，那么人与人之间，必定会出现剑拔弩张的局面。

这个世界说大也大，说小也小。人海茫茫也会狭路相逢，你今天得理不饶人，又怎么知道他日会不会与那人相遇呢？给别人留余地，就是给自己留余地。给别人方便，就是给自己方便。

为人处世留缝隙，得饶人处且饶人。不让别人为难，就是不让自己为难；让别人活得轻松，就是让自己活得潇洒，这就是做人要留有缝隙的妙处。不管是谁，一定要谨记：权力不可使绝，金钱不可用绝，言语不可说绝，事情不可做绝。

有这么一个寓言故事：

有一头大象在树林里漫步，由于光线比较暗，一不小心把刺猬的老巢踩坏了。大象很惭愧地向刺猬赔礼道歉，但是，刺猬却对此耿耿于怀，不肯原谅大象。

一天，刺猬看见大象躺在地上睡觉，心想："机会来了，我要报复大象，至少，我可以咬这个庞然大物一口。"

但是，大象的皮特别厚，刺猬根本咬不动。刺猬围着大象转了几圈，想啊想，终于想出一个好办法。刺猬发现大象的鼻子是个进攻点，于是忘乎所以地钻进大象的鼻子里，狠狠地咬了一口大象的鼻腔黏膜。

大象感觉鼻子里一阵刺痛，它猛烈地打了一个喷嚏，将刺猬射出好远，刺猬被摔了个半死。

好久，刺猬才从地上爬起来，痛不欲生，对前来探望它的同类说："要记住我的惨痛教训，得饶人处且饶人！"

生活中常常有些人像刺猬一样，小肚鸡肠，无理争三分，得理不让人。假如是重大的是非问题，自然应当不失原则地论个青红皂白，甚至为追求真理而献身。如果是非原则性问题，则应得饶人处且饶人。

朋友之间因为一句闲话争得面红耳赤，形同路人；邻里之间因为孩子打架导致大人拌嘴，老死不相往来；夫妻之间因为家庭琐事同室操戈，劳燕分飞，如此等等，不一而足。得饶人处不饶人，结果往往害了自己。

点评

日常生活和工作中，若不是为一些非原则问题，而仅仅为一些鸡毛蒜皮的小事睚眦必报，弄得两败俱伤，实属大可不必。其实，只要抱着"为人处世留缝隙，得饶人处且饶人"的态度，还有什么问题解决不了呢？

5. 口下有情，脚下有路

人与人之间原本没有那么多的矛盾纠葛，往往只是因为有人图一时之快，说话不加考虑，只言片语伤害了别人的自尊，让人下不来台，对方心中怎能不燃起一股邪火？

在社交过程中，以尖酸刻薄之言讽刺别人，只图自己嘴巴一时痛快，殊不知会引来意想不到的灾祸。

诸葛亮离开荆州之前，曾反复叮嘱关羽，要东联孙吴，北拒曹操。但关羽对这一战略方针的重要性认识不足。他瞧不起东吴，也瞧不起孙权，致使吴蜀关系紧张起来。关羽驻守荆州期间，孙权派诸葛瑾到他那里，替孙权的儿子向关羽的女儿求婚，"求结两家之好"，"并力破曹"。这本来是件好事。以婚姻关系维系补充政治联盟，历史上多有先例。如果放下高傲的架子，认真考虑一番，利用这一良机，进一步巩固蜀吴的联盟，将是很有益处的。但是，关羽竟然狂傲地说："吾虎女安肯嫁犬子乎？"

关羽不嫁女儿就不嫁嘛，又何必出口伤人呢？试想这话传到孙权那里，孙权的面子放在哪儿呢？又怎能不使双方关系破裂？关羽的骄傲，使自己吃了一个大大的苦果，被自己的盟友结束了生命。

为人处世一定要口下留情。人与人之间原本没有那么多的矛盾纠葛，往往只是因为有人图一时之快，说话不加考虑，只言片语伤害了别人的自尊，让人下不来台。对方有了机会，自然要报复咬一下，也是人之常情。

骄傲自大，尖酸刻薄，最易伤人面子。谦卑待人，才能得到友谊。

赵涛自我感觉良好，然而在单位人缘不好。因此他经常抱怨世态炎凉，责怪同事寡情。真的是世态炎凉、同事寡情吗？非也！原来是赵涛自命不凡，每逢单位开会，年终考评，他都喋喋不休地贬损他人，以显示自己"崇高的思想"、"卓越的才能"、"非凡的业绩"。因此，同事们都觉得

赵先生太过分了，太不像话了。于是大家都不买他的账，他陷入了孤家寡人的境地。显然，赵涛人缘不好，其原因在于贬低他人，抬高自己。

有的人为了抬高自己、贬损他人，竟达到了捏造事实的地步。尽管他所说的事实是捏造的，可也是有鼻子有眼的，颇能迷惑人。面对捏造事实的指责，受害人往往有口难辩，无可奈何。

唐耀文与李桐同去某地出差，采购一种紧缺物资。他们到达时，当地已无货供应，必须再等一个月才有货，于是唐耀文和李桐空手而归。可是在向领导汇报时，李桐竟对领导说："年轻人就是贪睡，那天早晨如果小唐早点起来，我们可能就买到货了。"唐耀文说："本来就没有货了啊，这与起早起迟有什么联系呢？"领导连忙批评唐耀文说："老李说得对啊！你应该接受，以后改正！"唐耀文听了领导的批评只有无可奈何地叹气，还有什么可辩解的呢？不过从此以后，唐耀文对李桐敬而远之了。久而久之，领导再派人与李桐一起出差，大家都借故推辞。

有些人为了达到贬损他人的目的，将针眼大的事情说得比箩筐还大。还有人善于通过自己与他人的对比贬损他人、抬高自己。

舒群与文兰同在一科研所工作。舒群勤于笔耕，一年之中竟发表了20篇论文，而文兰仅发表了一篇论文。文兰心中很不服气，因而在年终考评会上自我评述说："我今年文章只写了一篇，但质量是很高的，绝不像那些写得多的粗制滥造的文章。"显然文兰这是在含沙射影地贬低舒群。

省高教局的哲学老师田峪，从同学处获得了"成人教育处组织政治经济学统考"这一信息，于是回校对任政治经济学课的许军说："你们政治经济学统考，你知道这个消息吗？"许军说："我现在还没有接到这一通知。"在年终考评会上，田峪说："许军教政治经济学，对政治经济学统考一点也不关心，统考消息还是我告诉他的，我比他还着急，许军太没责任感了。"这样一比，他似乎成为一个责任感极强的人，而别人倒是一点责任感都没有了。

为什么有些人会不择手段地贬损他人、抬高自己呢？其原因显然是出自于一种虚荣的心理和不服气的心理。有些人为了充分地显示自己的高明和非凡的价值，因此往往喜欢找参照物，自以为通过贬损他人，自己的高明和非凡的价值就充分地表现出来了。

美国前总统富兰克林年轻时很骄傲，言行举止，咄咄逼人，不可一世，后来有一位朋友将他叫到面前，用很温和的言语说："你从不肯尊重他人，事事自以为是，别人遇到几次难堪后，谁还愿听你自我夸耀的言论？你的朋友将一个个远离你。你再也不能从别人处获得学识与经验。而你现在所知道的事情，老实说，还是太有限了。"

富兰克林听了这番话后，很受感动，决心痛改前非。从那以后，他处处注意言与行谦恭和婉，慎防损害别人的尊严和面子。不久，他便从一个被人敌视、无人愿意与之交往的人，变为极受人们欢迎的成功人物。

点评

　　有一部分人，对于强于自己的人，会心理极不平衡，进而贬损别人。然而，这种贬损他人、抬高自己的缺乏道德的行为只会使自己尽失人心。只有口下留情的人才能在人际交往错综复杂的今天找到出路。

6. 把"逐客令"说得有人情味

孔子云:"有朋自远方来,不亦乐乎?"宋朝著名词人张孝祥在跟友人夜谈后,也忍不住发出了"谁知对床语,胜读十年书"的感叹。好友知己,促膝长谈,交流思想,增进友情,的确是生活中的一大乐事,也是人生道路上的一大益事。

但如今的现实生活中,也难免会有与此截然相反的情形。忙碌一天后下班回到家,刚刚吃过饭,谁都希望可以静下心来读点书或做点事,而那些不请自来的"不速之客"必定要扰得你心烦意乱。

他唠唠叨叨,没完没了,一再重复你毫无兴趣的话题,还越说越起劲。你勉强敷衍,焦急万分,极想对其下逐客令但又怕伤了感情,故而很是为难。但是,你"舍命陪君子",就将一事无成,因为你最宝贵的时间,正在白白地被别人占有着。

鲁迅先生说:"无端地空耗别人的时间,无异于谋财害命。"任何一个珍惜时间的人都不甘任人"谋财害命"。那面对这种说起来没完没了的常客,要怎样对付呢?

最好的对付办法是:向他下一道富有人情味的"逐客令"。怎样才能把"逐客令"说得美妙动听,做到两全其美——既不挫伤好话者的自尊心,又使其变得知趣呢?

(1)以婉代直。

用婉言柔语来提醒、暗示滔滔不绝的客人:主人并没有多余的时间跟他闲聊胡扯。与冷酷无情的逐客令相比,这种方法更容易被对方接受。

"今天晚上我有空,咱们可以好好畅谈一番。不过,从明天开始我就要全力以赴写职评小结,争取这次能评上工程师了。"这含意是:请您从明天起就别再打扰我了。

"最近我妻子身体不好，吃过晚饭后就想睡觉。咱们是不是说话时轻一点？"这句话用商量的口气，却传递着十分明确的信息：你的高谈阔论有碍女主人的休息，还是请你少来光临为妙吧。

（2）以疏代堵。

闲聊者如此无聊地消磨时间，原因是他们既无大志又无高雅的兴趣爱好。如果改用疏导之法，使他有计划要完成，有感兴趣的事可做，他就无暇光顾你家了。显然，以疏代堵能从根本上解除闲聊者上门干扰之苦。

怎样进行疏导呢？如果他是青年，你可以激励他："人生一世，多学点东西总是好的，有真才实学才能过上更好的生活，我们可以多学习学习，充实充实自己。"如果他是中老年，可以根据他的具体条件，诱导他培养某种兴趣爱好，或种花，或读书，或练书法，或跳迪斯科。"老张，您的毛笔字可真有功底，如果再上一层楼，完全可以在全县书法大奖赛中获奖！"这话一定会令他欣喜万分，跃跃欲试。一旦有了兴趣爱好，你请他来做客也不一定能请到呢！

（3）以写代说。

有些"嘴贫"的人对婉转的逐客令可能会意识不到。对这种人，可以用张贴字样的方法代替语言，让人一看就明白。影片《陈毅市长》里有一位著名的科学家，在自家客厅里的墙上贴上了"闲谈不得超过三分钟"的字样，以提醒来客：主人正在争分夺秒搞科研，请闲聊者自重。看到这张字样，谁还会好意思喋喋不休地说下去呢？

根据具体情况，我们可以贴一些诸如"我家孩子即将参加高考，请勿大声喧哗"、"主人正在自学英语，请客人多加关照"等等字样，制造出一种惜时如金的氛围，使爱闲聊者理解和注意。一般，字样是写给所有来客看的，并非针对某一位，所以不会令来客有多少难堪。

（4）以攻代守。

用主动出击的姿态堵住好闲聊者登门来访之路。先了解对方一般每天几点到你家，然后你不妨在他来访前的一刻钟先"杀"上他家门去。于是，你由主人变成了客人，他则由客人变成了主人。你从而掌握交谈时间的主动权，想何时回家，都由你自己安排了。你杀上门去的次数一多，他就会让你给粘在自己家里，原先每晚必上你家的习惯很快会改变。一段时

间后，他很可能不再"重蹈旧辙"。以攻代守，先发制人，是一种特殊形式的逐客令。

（5）以热代冷。

用热情的语言、周到的招待代替冷若冰霜的表情，使好闲聊者在"非常热情"的主人面前感到今后不好意思多登门。爱闲聊者一到，你就笑脸相迎，沏好香茗一杯，捧出瓜子、糖果、水果，很有可能把他吓得下次不敢贸然再来。你要用接待贵宾的高规格，他一般也不敢老是以"贵客"自居。

过分热情的实质无异于冷待，这就是生活辩证法。但以热代冷，既不失礼貌，又能达到"逐客"的目的，效果之佳，不言自明。

～ᅌ点评ᅌ～

> 如果你能面对不受欢迎的客人做到如上所说，开出人情味十足的"逐客令"，你便可以轻松地达到既送客又不伤感情的目的。

7. 夫妻吵架有分寸：绝不能伤害感情

在日常生活中，我们有时会遇到这样的情形：一些夫妇动辄发怒，吵架时常常说出一些伤害感情的话，事后又不分析原因，不设法解决。

俗话说：勺子没有不碰锅边的。恩爱夫妻也一样，两人共处的时间长了，难免会遇到不快的事，夫妻间总有拌嘴的时候。夫妻之间吵架，切记不要说出过头话，去伤害对方的自尊心，伤害彼此的感情，这就是夫妻之间吵架的分寸。

对此，许多夫妇颇有微词，他们认为，保持忍耐，不发生任何口角和冲突，夫妻关系就会好。如果不小心说漏了嘴，一定要及时表示"对不起，很抱歉"。这话听起来顺耳，实则已走向了另一个极端。

没有争吵的二人世界，关系的确"好"，但他们之间却不会很温暖，不会经常有爱情的火花迸发。因为他们忽略了这样一个事实：所有的家庭都存在着一定程度的矛盾，你的配偶不会每时每刻都对你充满柔情蜜意，彼此希望满足某些要求是合理的——只要这些要求不苛刻。

懂得了吵架的艺术，夫妻就能虽吵犹亲，爱情的纽带也将越来越紧。正确的做法应该是，既认识到偶尔的生气和冲突是一种正常现象，又要注意保护你应该具有的"权利"。但要明确，夫妻吵架无输赢之分，谁是谁非不可能明明白白。有时只不过是作某一个"选择"，而这个"选择"往往来自一方的让步。所以，吵架的时候一定要注意分寸，绝不能伤害感情。

（1）不说过头话

即使忍不住争吵，说话也要有分寸，不能说绝情话，不能讥笑对方的某些缺陷或揭对方的"伤疤"。更不能在一时气愤之下，破口大骂，不计后果。比如有的人吵架时言语不留余地："你是不是问得太多了？""我要你怎么干就怎

么干!""你受不了可以走。"等等。这类话咄咄逼人，很容易引发更大的冲突。

（2）允许对方偶尔生气

如果你认为彼此间爱慕的一对夫妇也不免会有嫉妒、烦恼和生气的事情发生的话，那么当这些情绪来临时，你就不会惊慌失措，因为这并不意味着他或她已经"没有感情"了。也许你的配偶是因为上司的缘故而情绪低落，没有向你表示缠绵之情。但即使这暂时的不快不是你的过错，你也应该问："亲爱的，我做了什么事惹你生气了吗？"如果回答是否定的，你可以再问："那么，我能为你分忧吗？"如果对方不需要，你就不必打扰。要知道，这些问候是你能给予的最好的安慰。

（3）以冷对热

以冷对热的关键，就是你吵我不吵。在一方感情激动、控制不住自己的时候，任他发火，任他暴跳如雷，不去理睬他。"一个巴掌拍不响"。一个人吵，就吵不起来，等他情绪平和以后，再和他慢慢说理，他就容易接受了。

（4）就事论事

为了哪件事吵，谈论这件事就行了，不要"翻旧账"，上纲上线，也不要无限扩大。不要随便给对方扣什么"自私"、"不可救药"、"卑鄙无耻"等帽子，否则，就把事情搞得太严重了。另外，对事情也切忌扩大化。如果从这件事又提及以前的事，从对配偶不满又拉扯到他的父母兄弟姐妹身上去，就会把事情搞得越来越复杂。

（5）直接表达自己的期望

如果双方想表达自己的某种强烈愿望，最好直说。比如妻子责怪丈夫好久未带自己上餐馆，她就不妨直说："我想今晚到外面吃饭。"而不要说："你看约翰每周至少带妻子上一次饭店，而你呢？"

（6）主动退出

不少夫妻在争吵过程中，总有一种心理，就是都要以自己"有理"来压服对方，结果谁也不服谁，反而越说越有气。其实，夫妻之间的争吵，一般没有什么原则问题，许多是是非非纠缠在一起，也不易分清，特别是在头脑发热、情绪激动时更不易讲清。如果争吵到了一定时辰和一定程度，发现这样下去还不能解决问题，那么有一方就要及时刹车，并提示对

方休战了。这并不是屈服、投降，而是表示冷静、理智。比如可以用幽默打破僵局，或者干脆严肃地说："我们暂停吧！这么吵也解决不了问题，大家冷静点，以后再说。"之后，任凭对方再说什么，也不再搭腔。

点评

夫妻之间相处久了，怎么可能没有矛盾，不发生口角呢？虽然吵架在所难免，但可以通过把握分寸的方法来维系感情。要知道，只要夫妻间的感情依旧，吵架的乌云过后，就依然是万里晴空。

8. 人情不可耗用无度

人都是有感情的，感情就是人与人之间相互联系的纽带，我们通常就把人与人之间的感情称作"人情"。我们是文明古国、礼仪之邦，在人际交往中，向来是很讲人情的。但是人情的利用也讲究原则和分寸，耗用无度只会适得其反。

肖先生很上进，毕业参加工作后，并没有放弃自己的学业。经过努力，他考入了一所大学攻读在职工商管理硕士。兴奋不已的肖先生在拿到上课通知时，一下子变得垂头丧气了，因为学校方面安排的课程居然是需要占用半个工作日的，而肖先生所在的台资公司从来都没有让员工每周半天外出读书的先例。公司同事听说肖先生读书这回事后，都力劝他放弃这个想法。因为公司原先有位职员由于同样的情况，竟然被公司方面无理由地炒掉。炒人的通知上居然还如此声称：因为我们是公司，不是学校。

肖先生忽然想起去年曾在一个朋友的婚礼上与公司的副总偶然相遇，很愉快地聊了一会儿。记得副总当时说了一句，"以后有什么事需要帮忙的，尽管找我"，并给他留了私人电话。肖先生决定试一试，晚上他鼓起勇气给副总打了个电话，委婉地说了他的处境，请他帮忙拿主意。最终决定的结果令肖先生十分开心，公司破例批准了他的要求。这就是人情的力量，谁能说它的威力不够大呢？

虽然人情的威力很大，可以帮我们做很多原来以为不可能的事，但是人情并不是取之不尽的水，任你自由取用。相反，人情就像银行的存款，耗用无度也是会人不敷出的。

当医生的赵丽娜早在两年前曾因自己孩子转学一事求过在教委工作的一个同学，而且也送了些人情钱，可对方没要。这下可好，在接下来的两年内，那位同学便多次带着亲戚、朋友来医院找赵丽娜帮忙。有些事根本不能办，像半价 CT、婴儿性别鉴定、高价病房算低价等，着实给赵丽娜出了不少难题。还了人情的赵丽娜，后来就想办法渐渐疏远了这位同学，再后来两人就索性不再交往了。可见，依靠人情办事是有一定限度的，透支了反而令人很尴尬。

张先生毕业于某名牌大学中文系，几年来在文坛上也算小有成就，后来接编某份杂志。由于那杂志的财源并不丰裕，不仅人手少，稿费也不高，但他又不愿意因为稿费不高而降低杂志的水准，于是他开始运用人情向一些作家约稿。这些作家由于和他都有过交情，也都点头应允了。但是一次两次还好，后来次数多了，他们就开始找各种借口推辞。他也不知道是什么缘由，暗自纳闷。经过他再三催问，其中一位终于坦白地跟他说："我是以朋友的立场写稿，你们的稿费太低了，错不在你，但你这样子做是在无度地耗用人情。"如此，他才恍然大悟。

人和人相处总是会有情分的。这情分就是"人情"。有些人喜欢用"人情"来办事，但"人情"是有限的。我们说它就像你在银行的存款，你存得越多，领出来的钱就越多；存得越少，领出来的钱就越少。你若和别人只是泛泛之交，你能要他帮的忙就很有限，因为他没有义务和责任帮你大忙；你更不可能一次又一次要他帮你的忙，这是因为你的人情存款只有那么一点点。

无度地耗用人情的结果如何？一般会造成两个结果：一是会使你们之间的感情开始变淡，继而让他对你避之唯恐不及，那么有可能进一步发展的情分就此断了。二是你在他眼中变成不知人情世故的人，这对你是相当不利的。然而，一个人做事不可能单打独斗，有时还是要用到亲戚朋友。换句话说，要动用到人情存款。

那么如何动用才不至于"无度"呢？

做好估算，尽量把人情用在刀刃上。先弄清你与对方的交情究竟有多深，人情究竟有多重，然后再掂量事情的分量，看看是否适宜找对方帮忙，千万不要没个轻重缓急。动用人情的次数要尽量少，以免提早把人情存款用光，那样，也会"情到用时方恨少"。

人本来是容易忘恩的动物，所以就是对方曾欠你一些人情，你也不可抱着讨人情的心态去要求对方帮忙，因为这不仅可能引起对方的不快和反

感，还可能让这情分到此结束。

人情储蓄不能即存即支。如果你急于找后账，急于在这笔人情账中得到回报，你就犯了人情世故的大忌。你就会在找这笔后账中既丢掉了人情，丢掉了面子，也丢掉了做人的原则和进退的分寸。

对一些斤斤计较的人要特别注意，你们纵然交情再深，也不可轻易找他帮忙，否则这人情债就会像在地下钱庄借钱那样，让你吃不消。还要懂得适度回馈，如果你不管不顾，动辄就求人帮你的忙，那么随着时间的推移你就会慢慢变成了一个不受欢迎的人。当然也有主动帮你忙的人，但切勿认为这是理所当然的。你若无适度的回馈，这也是一种"耗费"。要注重长线投资。俗话说："路遥知马力，日久见人心。"大多的人情投资都需要较长的时间才能结出果实，毕竟人与人之间的理解与信赖需要一个过程。

~⌘ 点评 ⌘~

有了人情好办事，如今已经成为大多数人心中的"潜规则"，所以每个人都在致力于人脉关系网的编织。但是你要知道，这张富有人情味的关系网编织起来并不容易，所以一定要悉心经营，千万不可不计后果地耗用无度，让你的人情存款愈来愈少。

第八章

善"伪装"，藏锋显拙真聪明

古人说："大智若愚，大巧若拙。"善"伪装"的目的正是为了要减少外界的压力，松懈对方的警惕，或使对方降低对自己的要求。正所谓揣着"明白"装"糊涂"，为人处世的最高境界，莫过于此。

1. 揣着"明白"装"糊涂"，帮助别人不炫耀

有的人喜欢把自己对别人的好处，时刻放在嘴边，喋喋不休。实不知这种人是最遭人讨厌的了。你帮助了别人，别人自会在心里记住。你每每提起，倒像是向人催债似的，时间久了，怎么不令人生厌呢？

在生活中，我们经常需要互相帮助才能渡过难关；但是对于助人者来说，在帮别人之后，切莫以救世主的姿态自居，这样会使被助者产生一种负担，你甚至会因此而失去朋友。正确的做法是：揣着"明白"装"糊涂"，忘掉自己给别人的好处。

人都是不愿意求别人的。不到万不得已的时候，一般人是不会开口求人的。如果别人答应帮助你，你就欠了一个人情。这个世界上，唯有人情债是最难还的。如果别人拒绝了，自己脸上不好看，别人心里也不舒服，彼此徒增一层尴尬。总之，求人本身并不是一件很光彩的事。

所以，如果有人有求于你，又如果你有帮助他的能力，那么最好能不声不响地给予他帮助，这会让他感激不尽。千万不能把自己对他的"恩惠"大张旗鼓地去做宣传，那样做的结果，只能是费力不讨好，留下怨恨。

还有，不要以为帮助别人只要你愿意就行了，其实，帮助别人也需要一定的技巧。否则，你帮助了别人，别人还不一定会记住你的好处。需要注意的一点就是，在你帮助别人的时候，不要使对方感到受你恩惠是一种负担。否则就会给接受者造成一定的心理压力，在这种压力下享受你的帮助，其心情可想而知。

但是偏偏有些人，有很强的虚荣心。一旦为朋友做了事，送了人情，等到大功告成，他便不知道自己姓什么了，把简单地说成复杂的，小事说

成大事，生怕人家忘了。没有朋友会因为你不说，就会忘记你送的人情，多说反倒无益。你的多言，会使得愿意帮助别人的良好初衷变质，并给你带来不好的结果。

那年冬天，风雪交加，孙老头的家里快没粮食了，眼看年关就过不去了。无奈的他只好到村东头的富人钱老头家借钱。钱老头那天因为女儿刚从大学放假回家，非常高兴，便爽快地答应借给孙老头钱，最后还大方地说："拿去吧，不用还了，我不在乎这几个小钱。"孙老头接过钱，小心翼翼地包好，心情复杂地回家了。

第二天早上，发生了一件让钱老头奇怪的事情。他发现自家院内的积雪已被人扫过，连屋瓦也打扫了。后来他才知道，这是孙老头做的。孙老头说，他不想自己那么没有尊严，这钱他一定会还的。

孙老头虽然穷，但是不想靠别人的施舍度日，他在用行动来维护自己的尊严。当钱老头意识到自己的错误时，他及时地做了一件能挽回孙老头尊严的事——让孙老头写张借条。在钱老头眼里，世上没有乞丐；而在孙老头心中，自己更不是乞丐，只是一个和钱老头平等的人。

生活中经常有这样的人，帮了别人的忙，就觉得有恩于人，于是心怀一种优越感，高高在上，不可一世。这种态度是很危险的，常常会引发反面的效果，这就是费力不讨好的表现。帮了别人的忙，却没有增加自己人情的砝码，这是得不偿失的。

你帮助了别人，别人心里其实是非常感激你的。如果你再大肆张扬，生怕没有人知道你帮助了别人，那只会让别人觉得你是在炫耀自己而不是在帮助别人，同时你也会增加被帮助者的心理负担。当被帮助者不能忍受你的这种行为的时候，就会尽快地还你一个人情，之后对你敬而远之。下次再也不会有求于你，即使你主动帮他，他亦会另请高明。所以，帮助了别人，就不要夸大其词，最好不夸功，甚至可以不认账。这其实是一种高明的手段，它让别人感受不到你的优越，相反还会对你的体贴和照顾感激不尽。

由此可知，帮助别人的行为方式是非常重要的。在你帮助别人的时候，不要使对方觉得你的帮助是一种压力，更不要让对方感到你是在施舍你。你一定要记住，没有人愿意仅仅因为接受了你的一次帮助，就要在你

面前一辈子抬不起头来。

还有要注意的是，帮忙时要高高兴兴，不可以心不甘、情不愿的。如果对方也是一个能为别人考虑的人，你为他帮忙的种种好处，绝不会像射出去的子弹似的一去不回，他一定会用别的方式来回报你。对于这种知恩图报的人，应该经常给他些帮助。

帮忙本来就是一个人情上的事情，没有必要把每件事摆放得清清楚楚，这会让彼此的交情不能长时间维持。有人为朋友帮了忙，便怕别人不知道，这是一种非常不明智的做法。记住这一点！

点评

> 人际往来，帮忙是互相的。不要为别人做了一点小事就到处炫耀，揣着"明白"装"糊涂"才是为人之道。没有人会把你的帮助忘得一干二净，为了长久地维系关系，你不能天天把它挂在嘴边。

ZuoRenYaoHuo
ChuShiYaoYuan

2. 适当糊涂可避免麻烦

"马有失蹄，人有失言"。偶尔失语在语言交际中难免发生，但失语往往是许多矛盾发生和激化的根源。因此，适当装装糊涂，在人际交往中是很有必要的。

张自力在一所学校实习期间，一次在黑板上刚写了几个字，学生中突然有人叫起来："张老师的字比我们李老师的字好看！"

真是语惊四座。稚嫩的学生哪能想到：此时后座的班主任李老师是怎样的尴尬！对实习生张自力来说，初上岗位，就碰到这般让人难堪的场面，的确使人头疼，以后怎样同这位班主任共渡实习关呢？

转过身来谦虚几句，还是充耳不闻？这时，张自力灵机一动，装作没有听到，继续写了几个字，头也不回地说："不安安静静地看课文，是谁在下边大声喧哗？"

此语一出，使后座的李老师紧张尴尬的神情，顿时轻松多了，尴尬局面也随之消除。

张自力在这里巧妙地装了回糊涂，假装没听清，避实就虚。既巧妙地告诉那位班主任"我根本没有听到"，又警告了那位学生，从而避免了再次造成尴尬的局面。

大家在进行即兴演讲的时候，难免会出现这样的情况：演讲者自己也不知为什么，竟说出一句错话，而且马上就意识到了。怎么办呢？倘若遇上这种失误，演讲者不妨装作不知道，然后采用调整语意、改换语气等续接方式予以补救。只要反应敏捷，应变及时，就可以收到不露痕迹的纠错效果。

胡经理是一位公司的老板。一次，他在公司开业庆典上发表即兴演讲。胡经理这样强调纪律的重要性：公司是统一的整体，它有严格的规章

制度，这是铁的纪律，每一个员工都必须自觉遵守。上班迟到、早退、闲聊、乱逛、办事推诿、拖沓、消极、懈怠，都是违反纪律的行为。我们允许这些现象的存在——就等于允许有人拆公司的台，我们能够这样做吗？

胡经理的反应力和应变力是很强的。当他意识到自己把本来想说的"我们决不允许这些现象的存在"一句话中"决不"二字漏掉之后，故作糊涂，佯装不知，马上循着语言表达的逻辑思路，续补了一句揭示其后果的话，同时用一个反问句结束，增强了演讲的启发性和警示力。这样的续接补救，真可谓顺理成章，天衣无缝。

朋友之间开玩笑，有时也会因开玩笑过头，而大动肝火，伤了和气。对于这种情况，不妨巧妙地运用"装糊涂"，给他一个丈二和尚摸不着头脑的怪问。

卢晓因身体肥胖，同班的志钢、王明"触景生情"，"冬瓜"长"冬瓜"短地议论起来，并时不时拿眼瞅卢晓，扮鬼脸。面对拿别人的生理"缺陷"来开过火的玩笑，实在让卢晓气愤。欲要制止，这是不打自招；如不管他，却又按捺不住心中的怒火。怎么办呢？

此时卢晓稳了稳躁动的情绪，缓缓地走过去，拍着二人的肩膀，轻言细语地问："志钢，听说你有 1.8 米高，恐怕没有吧。"接着又对王明道："你今天早上吃饭没有？"

听到这般温柔怪诞的问话，兴奋中的二人愣在那里，大眼望小眼，如坠五里雾中。全班同学沉寂了几秒钟，随即迸发出哄堂大笑。二人方明白被愚弄了，再也没有兴致继续下去。

用装糊涂的办法来制止别人的挖苦、讽刺，真是屡试不爽的避免麻烦的好办法。既避免了大动肝火，两败俱伤，又可巧妙地运用装作没听明白的方式见机而行。

丈夫不停地抽烟，烟缸里已经有一大堆烟蒂了，大部分还在冒烟。妻子惊呼："天啊！难道你找不到更好的自杀方法么？"

妻子出于对丈夫的深切关怀，非常恼恨丈夫抽烟，把抽烟比作"自杀"，用词异常辛辣。作为男子汉的丈夫，虽然自知不对，但对于这样的挖苦，却是忍无可忍。如果直接反击，那也只有伤和气了。此时，不妨装作没有听明白："亲爱的，我正在抽烟思考这个问题。"

这样一个没好气的、似是而非的回答，令人啼笑皆非。丈夫也因为幽默了一次，心理获得了平衡而消了怒气，妻子已经发泄了自己的不满，已不太在乎丈夫再说什么，因此也不再言语。

点评

装糊涂是为了避免不必要的麻烦，所以从另一个角度来看，假意糊涂的人才是真正聪明的人。想想看，我们身边又有多少事是我们必须得去弄清楚的呢？既然不是那么必须，何不适当装装糊涂？

做人要活处世要圆

ZuoRenYaoHuo
ChuShiYaoYuan

172

3. 花要半开，酒要半醉

"花要半开，酒要半醉"。鲜花盛开娇艳的时候，不是立即被人采摘而去，就是衰败的开始。人生也是这样。当你志得意满时，切不可趾高气扬，目空一切，不可一世，这样你不被别人当靶子打才怪呢！

无论你有怎样出众的才智，一定要谨记：不要把自己看得太了不起，不要把自己看得太重要，不要把自己看成是救国济民的圣人君子。还是收敛起你的锋芒，夹起你的尾巴，掩起你的才华吧。

曾国藩在立下赫赫战功之际，马上给他的弟弟曾国荃寄去一封信，信中附了一首诗："左列钟铭右读书，人间随处有乘除；低头一拜屠羊说，万事浮云过太虚。"诗中告诫他的弟弟，千万不能因此而骄傲自大，越有功劳越得低头做人。

诗中屠羊说的典故，出自庄子的《让王篇》。屠羊说是楚国的一个屠夫，曾跟着楚昭王逃亡。在流浪途中，昭王的衣食住行，都是他帮忙解决的。后来楚昭王复国，派大臣去问屠羊说希望做什么官。屠羊说答复道："楚王失去了他的故国，我也跟着失去了卖羊肉的摊位；现在楚王恢复了国土，我也恢复了我的羊肉摊，生意依旧红火，还要什么赏赐呢？"

昭王过意不去，再下命令，一定要屠羊说领赏。于是屠羊说更进一步说："上次楚国失败，不是我的过错，所以我没有请罪杀了我。现在复国了，也不是我的功劳，所以也不能领赏。我文武知识和本领都不行，只是因为逃难时偶然跟国王在一起。如果国王因为这件事要召见我，是一件违背政体的事，我不愿意天下人来讥笑楚国没有法制。"

楚昭王听了这番理论，更觉得这个羊肉摊老板非等闲之辈，于是派了一个更大的官去请屠羊说来，并表示要任命他为三公。可他仍不吃那一套，死活不肯来，并说："我很清楚，官做到三公已是到顶了，比我整天

守着羊肉摊不知要高贵多少倍。那优厚的俸禄，比我杀几头羊赚点小钱，要丰厚多少倍，这是君王对我这无功之人的厚爱。我怎么可以因为自己贪图高官厚禄，使我的君主得一个滥行奖赏的恶名呢？因此，我绝对不能接受三公职位，我还是摆我的羊肉摊更心安理得。"

曾国藩引用这个典故，是对他弟弟的警告。他语重心长地教诲他的弟弟，要看淡人世间的名利，知悉"随处有乘除"。曾国藩的这番话同时也说明，即使一个人功成名就，成名成家了，也要谦和礼让。一方面，名是相对的，满招损，谦受益；另一方面，如果你居功自傲，狂妄自大，别人也会不理你那一套。

猖狂、傲慢的反面是谦逊。真正的谦虚不是表面的恭敬，外表的卑逊，而是发自内心地认识到猖狂之害，发自内心地谦和，常常能发现自己不如别人的地方，并能自我克制，懂得进退，虚心接受别人的批评，待人以礼。不自是，不居功，择善而从，自反自省。

自古以来就有"开国皇帝杀功臣"的说法，这其实都是锋芒毕露而惹祸上身的典型。

当初一起打江山时，各路英雄不问出身，汇聚一堂，同在一麾之下，锋芒毕露，一个比一个有能耐。主子当然需要借这些人的才能实现自己平天下的雄心壮志。

但天下已定，这些虎将功臣的才华不会随之消失，这时他们的才能成了皇帝的心病，让他感到威胁，所以屡屡有开国初期大杀功臣之事。

《三国演义》中写道，刘备死后，诸葛亮好像没有大的作为了，不像刘备在世时那样运筹帷幄，满腹经纶，锋芒毕露了。在刘备这样的明君手下，诸葛亮是不用担心受猜忌的，并且刘备也离不开他，因此他可以尽力发挥自己的才华，辅助刘备，打下一份江山，三分天下而有其一。刘备死后，阿斗继位。刘备曾当着群臣的面说："如果这小子可以辅助，就好好扶助他；如果他不是当君主的材料，你就自立为君算了。"诸葛亮顿时冒了虚汗，手足无措，哭着跪拜于地说："臣怎么能不竭尽全力，尽忠贞之节，一直到死而不松懈呢？"说完，叩头以至流血。刘备再仁义，也不至于把国家让给诸葛亮，他说让诸葛亮为君，怎么知道没有杀他的心思呢？因此，诸葛亮一方面行事谨慎，鞠躬尽瘁；一方面则常年征战在外，以防

授人"挟天子"的把柄。而且他锋芒大有收敛，故意显示自己老而无用，以免祸及自身，这是韬晦之计。收敛锋芒是诸葛亮的大聪明。

❦ 点评 ❦

"花要半开，酒要半醉"，做人也不可太露锋芒。你不要显示自己的高明，更不能盲目纠正对方的错误。要知道，在人际交往中，只有"装傻"可以为己遮羞，还可以在处于不利境地时自找台阶下。

4. 大智若愚，大巧若拙

"大智若愚"被普遍认为是做人智慧中最高的最玄妙的境界，大智若愚就是本来拥有最高的智慧，却好像没有智慧，接近于木讷，接近于愚。如果有谁能得到"大智若愚"的评价，那表明他可以在人生舞台上立于不败之地了。

智慧如果过于外露，仍然称不上高级的智慧，"聪明反被聪明误"，"多智则谋"，一个人过分地精于算计反而会被人算计。"大智若愚，大巧若拙"表明了至高的谋略、至高的技巧、至高的境界，并不是直接地、赤裸裸地、一览无余地展示在人们面前；它拥有丰富的层次与内涵，拥有保护自身的机制。

在中国古代做人术中，"大智若愚"演变为一套内容极其丰富的韬光养晦之术。

乐毅率燕军踏平齐国，田单又率齐人大破燕军，功成名就之时，却都是遭君王猜忌之日。那些见过大风大雨的"过来人"对老子的名言"挫其锐、解其纷、和其光、同其尘，是谓玄同"理解格外深刻。因而每当身处一些"特殊关系"的微妙场合，或者在面临生命威胁的紧要关头，韬晦一方无不恬然淡泊，大智若愚。

商纣王荒淫无道、暴虐残忍，一次作长夜之饮，昏醉不知昼夜，问左右之人，"尽不知也"；又问贤人箕子。箕子深知，"一国皆不知，而我独知之，吾其危矣。"于是亦装作昏醉，"辞以醉而不知"。

战国四君子之一魏信陵君广结天下豪杰，广徕天下贤才，"士以此方数千里争往归之"，拥有足以与魏王抗衡的政治实力，魏王也不得不让他三分。可是他公然"窃符救赵"，违背魏王的意志，解救了正受秦兵压境威胁的赵国，建立巨大功勋，却使魏王难以容忍。"诸侯徒闻魏公子，不闻魏王"。秦国马上施以离间之计，促使魏王剥夺了信陵君的实权。魏王

担心信陵君威望犹在，有朝一日会东山再起，仍然视做心腹大患。信陵君为此"谢病不朝，与宾客为长夜饮，饮醇酒，多近妇女"，以降低人格的方式减轻魏王的戒惧。

韬晦之术在汉以后的所有做人术中发展最为充分。许多成大事者，在成就之前都有韬晦的历史，善于避让那些看似胸无大志，实际暗伏杀机的身边人；无不以弱者的形象做出强者的举动。

而在今天，大凡智慧与聪明之人都胸怀坦荡，胸襟豁达，明白事理，而小聪明者正好相反。

日常生活中，我们常常可以看到，一些很有学问和修养的人，表面却显得愚钝，既不与人钩心斗角，也不用心算计。正由于这样，一些无知的人反倒取笑他，背后议论他，并自以为聪明得很。

其实，大凡大智慧、大聪明之人，都胸怀坦荡，胸襟豁达，明白大道理，对于身边琐事一目了然，当然用不着处处用心，或者甚至为一点鸡毛蒜皮的小事而与人斤斤计较。因此，他们心中总像很安逸，行为也总是很超脱。这好像就是"绝圣弃知"。

而那些只有一点小聪明的人却正好相反。他们喜欢察言观色，见缝插针，无孔不入。这种人要是谈大道理，便气势汹汹，咄咄逼人；谈具体事儿，便婆婆妈妈地絮絮叨叨，没完没了。他们长于钩心斗角，鸡蛋里可以挑出骨头，没事儿也可找出是非来。

从智谋的原则来看，它仍然体现为以静制动、以暗处明、以柔克刚、以反处正之道，表现为降格以待的智慧。

"大智若愚，大巧若拙"的目的正是为了要减少外界的压力，松懈对方的警惕。或使对方降低对自己的要求。

这一招更是广泛地运用于克敌制胜上，这样可以在不受干扰、不被戒惧的条件下，暗中积极准备，以奇制胜，以有备对无备。如果意图在于获得外界的赏识，愚钝的外表可以降低外界对自己的期待，而实际的表现却又超出外界对自己的期待，这样的智慧表现就能格外出其不意，引人重视。

有的人，终生劳苦奔波，却看不见他有什么成功；一辈子疲惫困顿，却不知道自己的归宿，这还不悲哀吗？形体逐步衰弱老化，心也一样，人生的不幸便在其中。明白这一点，大智慧、大聪明之人犹如天生的愚钝；小聪明、小智慧才真是一口永远照不亮的大黑洞。如此的大智慧、大聪明不过是人们常说的：大智若愚，大巧若拙！

点评

"大智若愚"是在平凡中表现不平凡，在消极中表现积极，在无备中表现有备，在静中观察动，在暗中分析明，因此它比积极、比有备、比动、比明更具优势，更能保护自己。

5. 创业伊始，以退为进

每一个成功的创业者，在回顾创业之初的经历的时候，都会不由自主地感慨创业的艰辛。相信关于这类事迹大家也都看过。虽然他们今天风光无限，可看看他们的创业历程，很少有人是在最初的项目上一次成功的，基本上都经历了许多次坎坎坷坷，进行了多次的业务转型。

在创业伊始，创业者刚刚起步，主观意愿难免与实际情况有一定的距离，这时就需要创业者自己不断地进行调整和转变，而每一次的调整和转变都意味着可能要退一步，直到最终转变到市场机遇与企业资源相对吻合的状态。

但这种"退步"只是暂时的。随着市场的变化，他们一定还会转变，还会"退步"，转变不断，让步不断，然后，转机就出现了。这或许就是做生意的基本法则。所以，"退步"不等于失败，而是一种以退为进的等待成功的方式。

许多创业者都曾盲目地坚信"胜利往往就来自于不断坚持地努力之中"，而不懂得以退为进的转变才是取得继续发展的契机，最后被迫放弃。

这种行为实在是幼稚和无知。说幼稚是指违背了"生意不是赌博"这个基本原则，明知无望还赌出现奇迹；说无知是指完全不理解创业的真实目的所在。其实，创业是为了获得"第一桶金"，而这第一桶金子出自哪个项目并不重要。

商场上的机会比比皆是，只要你有心，暂时地退让，肯定还会找到另一个。非你不娶、非我不嫁的理念属于爱情，不属于生意。

暂时的让步并不等于抛弃。只要不是在伤痕累累、弹尽粮绝时放弃，你完全还有可能东山再起，你还可能以另一种方式重新开始。退让不过是你把拳头收回来，准备再一次出击而已。

以退为进是一种量力而行的睿智，也是一种顾全大局的果敢。面对全军覆没的危险，有胆略的军事家会说：三十六计，走为上。面对将要破产倒闭的厄运，有眼光的企业家会说：留得青山在，总有一天会卷土重来的。大兵压境时，毛泽东毅然放弃过延安。

不仅在商场，在人际交往中以退为进的策略也是很实用的。

在达尔文的《物种起源》出版前，他接到来自好朋友毕莱士的一封信，请达尔文为自己写的文稿作个审定。达尔文看了朋友的稿子之后觉得异常为难，因为这个文稿的研究结论与自己的《物种起源》一书实在是太接近了。

达尔文和毕莱士是多年的好朋友，而这两部稿子无论是谁先发表都会对另一个人造成伤害。一边是多年的友谊，一边是倾注了 20 年心血的稿子，达尔文很为难。

有人劝达尔文，赶紧把自己的书出了。但是达尔文选择了友谊，打算把自己的书稿毁了。毕莱士知道后很受感动，坚决阻止了达尔文毁书的行动。这件事一经传出，大家都称赞达尔文的大度，后来越来越多的人知道了达尔文以及他的《物种起源》。

达尔文通过"退一步"的办法，不仅收获了友谊，还扩大了《物种起源》的知名度。所以说，退一步其实很简单，你得到的回报也许会更多。

无论是哪一方面的成功，人们往往更多地强调要有一种勇往直前的精神，一种积极进取的精神。但是，有时候，一味地硬冲硬打未必是最好的办法，以退为进也是一种人生的策略。

"疾风知劲草，人须有傲骨"。人应当有一种"宁为玉碎，不为瓦全"的精神，它也的确促成了许多成功的典型人物。但是，在创业伊始，面对复杂多变的世界，当然不能用同一种策略去应对所有的局面。在某些特定的时间和地点，以退为进，也是一种积极的人生策略，而并非是消极退让。

曾任美国总统的肯尼迪当年在竞选参议员的时候，被竞争对手在关键时刻抓住了一个把柄：肯尼迪在学生时代，因为欺骗而被哈佛大学退学。

这类事件在政坛上的影响力是巨大的。竞争对手只要充分利用这个证据，就可以使肯尼迪诚实、正直、道德的形象蒙上一层阴影，使他的政治

前途黯淡无光。

　　一般人面对这类事情的反应不外是极力否认，澄清自己。但是肯尼迪却很爽快地承认了自己的确曾经犯了这样一项很严重的错误，他说："我对于自己曾经做过的事感到很抱歉。我是错的，我没有什么可辩驳的余地。"肯尼迪这么做，等于在说"我已经退让了，我选择了放弃所有的抵抗"，而对于一个已经放弃抵抗的人，你还能跟他没完没了吗？如果对手真的继续进攻了，就显得一点风度也没有，占不到任何便宜。

〜✿ 点评 ✿〜

　　这就是以退为进的妙用，更是为人处世藏而不露、巧避锋芒的大智慧。如果你是创业之初的人，就要时刻谨记不可以弱敌强，要知道适时地退让。当然，即便你不是一个创业者，也应该把以退为进的处世态度运用到生活当中去。

6. 让别人表现得比你优秀

"人外有人，天外有天"。即使你自己再优秀，总是在人前凸显自己，也总会有被别人比下去的时候。那么，不如让别人表现得比你优秀，这样，既可以减少碰壁，又可以为自己的提高保留空间。

有人说过，如果你要得到仇人，就表现得比你的朋友优越；如果你要得到朋友，就要让你的朋友表现得比你优越。

二战后的一天，卡耐基在伦敦参加史密斯爵士举行的宴会。宴会上，在卡耐基右边坐的一位男士讲了一个幽默的故事，还引用了一句话："成事在天，谋事在人。""这句话出自《圣经》。""《圣经》？"卡耐基清楚这句话并不出自《圣经》，而是出自莎士比亚的戏剧《哈姆雷特》，因此卡耐基出声纠正了对方。

对方却反唇相讥："你说什么？出自《哈姆雷特》？你真会说笑，绝对不可能，这句话绝对出自《圣经》！"两个人为此争执起来。

当时卡耐基的老朋友，研究莎士比亚著作的葛孟也在场，葛孟在暗示卡耐基失败后，开口说："这位先生是对的，这句话确实是出自《圣经》，卡耐基错了。"争论因为葛孟的一句话终止了。

回去的路上，卡耐基对葛孟抱怨道："你明知道那句话不是出自《圣经》，不是吗？""是的，那句话出自《哈姆雷特》。可是我亲爱的朋友，我们是去参加宴会的客人，何必为了这个问题，证明他是错的，而你是对的呢？你表现得比他优秀，他心里一定会有芥蒂，你干吗不给他留点面子呢？"卡耐基恍然大悟，顿时明白了做人不可过于显示自己、而应让别人显示得比自己优秀的道理。

要知道在生活中，只有低调谨慎的人才能赢得更多的朋友；那些狂妄自大、看不起别人、唯我独尊的人总是让别人唯恐避之而不及，这样的人

最后只会在交往中碰得头破血流。

即使是面对自己的老朋友，也不要以为大家都是朋友，不用讲虚伪的客套。事实并不尽然，如果你对你的朋友说："你今天在舞会上表现得比我好多了。"你的朋友一定非常高兴。如果你说："你今天在舞会上的表现很不错，但是比我还差点哦。"郑重地告诉你，你已经失去这位朋友了。至少在心里，他对你是很不满的。

在交往中，我们都希望自己的价值能得到别人的认可。当我们让别人表现得比我们优越时，他们就会有一种被认可的感受；相反，当我们表现得比他们优越时，他们就会产生一种被抛弃感，甚至产生敌对情绪。

德国人有一句谚语，大意是这样的："最纯粹的快乐，是我们从那些我们的羡慕者的不幸中所得到的那种恶意的快乐。"或者，换句话说："最纯粹的快乐，是我们从别人的麻烦中所得到的快乐。"

可能你不想承认，但是对于大多数人，从你的麻烦中得到的快乐，极可能比从你的胜利中得到的快乐大得多。

因此，我们对于自己的成就要轻描淡写。我们要谦虚，要让别人表现得比自己优秀，这样的话，我们就会永远受到别人的欢迎。

做人不要对自己太过炫耀，而是要一笔带过，要谦虚，这样才能得到别人的信赖。低调谦虚，别人才不会认为你是威胁。谦虚是人们应该具备的美德。从某种意义上说，谦虚也是一种力量。尤其在不同文化背景的情况下，多用几句请教的言语，会使对方觉得你有修养和谦虚，真诚可亲，从而为你的成功增加砝码。

事实上，别人总是喜欢找谦逊人身上的优点，挑自以为了不起的人的毛病。这是一个很有意思的现象，是人们的逆反心理在作怪，也可以看做是谦逊的效能。所以，平时你要谦逊地对待别人，要让别人表现得比你优秀，这样才能博得人家的支持，为你的事业奠定基础。

在人生的舞台上，那些谦虚豁达的人总能赢得更多的知己和成功的机会；那些妄自尊大、炫耀自己、贬低别人的人总是令别人反感厌恶，最终在交往中使自己到处碰壁，使自己的成功之路处处受阻。

当你用低调的姿态来表达自己的思想或行动时，就能减少一些冲突，容易被他人接纳。即使你发现自己有错时，也很少会出现难堪的局面，因

为别人会因你的低调而尽量去原谅你的过错和失误。

点评

> 　　每个人都有相同的需求，都希望别人重视自己、关心自己。将心比心，让我们放下自己的优越感，让别人表现得比自己优秀。只要这样谦虚地对待周围的人，我们就会得到更多的朋友，收获更多的友谊。

7. 初入职场，甘于从低做起

初入职场，好高骛远是很多青年人的通病。对于较低的职位，他们从来不屑一顾。殊不知，正是这样的偏见才让他们在不起眼的小职位上呆了更长时间。

不少年轻人刚开始工作时，对自己的期望值很高。在他们看来，自己是"人才"，因此，在工作中，应当受到重用，应当得到丰厚的报酬。但是，抱有这样观点的人往往会在现实中碰壁。

名牌大学毕业的吕南，在校园里是一个风云人物。在大学里，他是系学生会主席，曾组织过多次大型校内校外的活动，并利用假期，参加过许多社会活动。他自认为有很强的组织能力和领导才能。

但他在应聘第一家公司的时候，就碰了壁。这是一家大跨国公司。他面试的时候，就把他自己在大学里的成绩以及对自己的评价以一种自信的姿态说了出来，希望先声夺人，给对方留下一个好的印象。

但招聘人员却淡淡地问他："如果我安排你去我们的机修车间干一段时间，你接受吗？"

吕南认为他们在试探他，便说："我的目标不是做机修工，但我会努力去做到最好，直到你们满意。"

招聘人员微微点头："好，你到公司培训过后，就去机修车间。"

吕南没想到对方真让自己去机修车间，他有点急了："但是我觉得这样的工作不需要像我这样的人才去做，这是人才浪费！我完全可以做比机修更重要的工作。"

对方说："在我们公司，没有一份工作不重要，也没有更重要的工作，只有重要的工作。我问你一个问题，在我们公司所生产的产品中，你熟悉哪一种产品？"吕南哑口无言。

招聘人员客气地对他说："欢迎你参加我们公司的下一次应聘。请下一位进来！"

像吕南这样的例子实在太多了，他们都是"嫌弃"工作而找不到就业门路的大学生。他们好高骛远，不讲实际，这导致了他们"失业"的结果。

事实上，刚进入社会的年轻人没有经验，又对社会不够了解，所以，是不可能被委以重任的，他们也没有这个能力。他们需要在工作中一步步地磨炼，逐渐成熟后才可能得到他们想要的结果。每个年轻人都是要从低做起的。

每一个人都希望自己能及早成功，一开始就能够担当重任，取得成就并获得别人的认可和尊重。但是，这样的机会几乎没有可能。不可能一开始就让你做高职位，任何一个人都要从低做起。如果你不愿意从低做起，你就会连从低做起的机会也丢掉。这个时候，你还哪里有可能去做到更高的职位呢？对于我们大多数人来说，从底层开始，一步一个脚印地向上走，才是正道。

从低做起并不是一件可耻的事情，相反，是我们的必经之路。事实上，很多成功人士都是从低开始做起的。且不说成龙、梁朝伟这些影视明星，看看商场上那些叱咤风云的人物，哪一个不是从无人问津的小角色开始自己的成功之路的？

华人首富李嘉诚就是在一家钟表公司从低做起，之后又到一塑胶厂当推销员，也是从低做起。如果不是那些跑龙套似的经历，他能够做到现在的程度吗？答案是否定的。

所以，每一个员工在开始的时候都要从低做起。因为这个时候，我们的价值也就配从低做起。虽然你有很高的文凭，虽然你相信自己是天才，但所有这些都没有经过实践检验过。事实上你对自己所要做的事情一无所知，要想有所知，就只有通过从低做起，才能获得那些我们做工作所必需的经验、知识和人际关系。

◇点评◇

> 其实，甘于从低做起，体现了一种务实的精神，这种精神才是最可贵的。如果我们能够在这些不起眼的低职位上踏踏实实，拿出热情来参与企业事务，会很快获得同事的尊敬和上司的认同。而这个时候，离你升迁的日子也就不远了。

8. 不要"聪明反被聪明误"

孔子曾说，"人人都说自己聪明，可是被驱赶到罗网陷阱中去却不知躲避。人人都说自己聪明，可是选择了中庸之道却连一个月时间也不能坚持"。做人要低调内敛，不能自恃有才而骄傲自大，目中无人。锋芒太露，会遭人忌恨，以至永无出头之日。

俗话说："人心隔肚皮，虎心隔毛衣。"所以，我们在做人的时候要切记，不要表现得比别人聪明，因为这样的结果往往是，"聪明反被聪明误"。

"聪明人总以为自己比别人知道得多，"洛克菲勒集团的副总裁布雷特恩·塞克顿说道，"这离无所不知也就只一步之遥了。"

年轻的华裔斯蒂芬·赵可谓功成名就。他从哈佛毕业后就在好莱坞施展宏图，不久便显露峥嵘，飞黄腾达，到 36 岁时已成为福克斯电视台的总经理。

然而，在一个夏天，赵的顺风之船触礁了。在一次由总裁鲁伯特·迈都克主持的公司高层人士的会议上，当赵就新闻检查发表演说时，他别出心裁地安排一位演员在一旁脱衣以表现新闻检查之后果。可没想到这一弄巧成拙的噱头使董事们怒不可遏，迈都克只好将他解聘。

在人生的竞技场上，如果你真有才华，也千万别显示出你比别人聪明，尤其当对方的身份和地位在你之上时，你更不能让自己在任何一个方面超过他。这就是古人常说的"守拙"，是一种掩饰自己、保护自己、积蓄力量、等候时机的人生韬略。

一次，曹操派人建一座花园。快竣工了，监造花园的官员请曹操来验收察看。曹操参观花园之后，是褒是贬一句话也没有说，只是拿起笔来，在花园大门上写了一个"活"字，便扬长而去。一见这情形，大家犹如丈

二和尚，摸不着头脑，怎么也猜不透曹操的意思。杨修却笑着说道："门内添'活'字，是个'阔'字，丞相是嫌园门太阔了。"官员见杨修说得有道理，立即返工重建园门，改造停当后，又请曹操来观看。曹操一见重建后的园门，不禁大喜，问道："谁知道了我的意思？"左右答道："是杨修主簿。"曹操表面上称赞杨修的聪明，其实内心已开始忌讳杨修了。

杨修还有一次聪明的表露。曹操亲自引兵与蜀军作战，战事失利，进退不能。是进是退，当时曹操心中犹豫不决。此时厨子呈进鸡汤，曹操看见碗中有鸡肋，因而有感于怀，觉得眼下的战事，有如碗中之鸡肋："食之无肉，弃之可惜"。他正沉吟间，夏侯惇入帐禀请夜间号令。曹操随口说："鸡肋！鸡肋！"夏侯惇传令众官，都称"鸡肋"。杨修见传"鸡肋"二字便教随行军士，各自收拾行装，准备归程。夏侯惇立即请杨修到帐中问他："为什么叫人收拾行装？"杨修说："从今夜的号令便知道魏王很快就要退兵回去了。""你怎么知道？"夏侯惇又问。杨修笑道："鸡肋者，吃着没有肉，丢了又觉得它味道不错。魏王的意思是现在进不能胜，退又害怕人笑话，在此没有好处，不如早归，明天魏王一定会下令班师退兵的。"

当天夜里，曹操心乱如麻夜不能寐，索性起床去各营寨巡视。却看见营寨内的将士们正在打点行装。曹操异常惊奇，便问属下为何打点行装，属下回答说是夏侯惇的指令。

曹操大惊，他急忙回帐召夏侯惇入帐。夏侯惇说："主簿杨修已经知道大王想退兵的意思。"曹操叫来杨修问他怎么知道，杨修就以鸡肋的含意对答。曹操一听大怒，说："你怎敢造谣乱我军心！"不由分说，叫来刀斧手将杨修推出去斩了，把首级悬在辕门外。曹操终于寻得机会，除掉了杨修，杨修也终于结束了他聪明的一生。

杨修聪明一世，却糊涂一时。他卖弄才华，锋芒毕露，非但不肯韬光养晦，连显露都不是个地方，把才华用在了一些雕虫小技上，不能像诸葛亮那样雄才大略建功立业，以致一再遭到曹操的忌恨，埋下被杀的祸根。

该糊涂时不糊涂，聪明反被聪明误，杨修之死实属咎由自取。

学会"守拙"，这是一种做人的韬略。特别是当你发现自己的才能的确在别人之上，并且这个人不是别人，而是你的上司的时候，使用这一策略尤其重要。如果你表现得比他聪明，就等于否定了他的智慧和判断力，

打击了他的自尊心。所以，当你完全有能力赢了上司的时候，也要守拙，不要显示出你比他更聪明。

古希腊著名哲学家苏格拉底一再告诉他的弟子们："你只知道一件事，就是一无所知。"

做人做事需要锋芒，如果一味地甘做陪衬，不思进取，只能一事无成，所以有锋芒是好事，是事业成功的基础。但是物极必反，在某些时候，锋芒也是双刃剑，可以刺伤别人，也会刺伤自己，所以运用时要小心翼翼。过分外露自己的聪明才华，很多时候都会导致自己的失败。所以我们在生活当中，要学会"守拙"，这是一种韬略，一种智慧。

点评

> 做人聪明是好事，是事业成功的基础。然而，即使再聪明，也不能仗着小聪明在别人面前炫耀，小心聪明反被聪明误。做人不妨低调一点，才有向更高处攀升的空间。

第九章

察禁忌，逆鳞千万不要碰

中国古有逆鳞之说：传说在龙喉下一尺的地方鳞是倒长着的，无论是谁触摸到这一部位，都会被激怒的龙吃掉。人也是如此，无论一个人的出身、地位如何，也都有别人不能言及、不能冒犯的角落，这个角落就是人的"逆鳞"。

1. 打人不打脸，骂人不揭短

人人都有各自不同的成长经历，都有自己的缺陷、弱点，也许是生理上的，也许是隐藏在内心深处不堪回首的经历，这些都是他们不愿提及的"疮疤"，是他们在社交场合极力隐藏和回避的问题。

人都是有弱点的，所以在交谈的时候，尽量不要碰别人的"禁区"。但很多人都往往认识不到这一点，在说话的时候，只顾着自己高兴，而不在乎别人的感受。长此以往，他身边的朋友就会越来越少，直至成为孤家寡人。

被击中短处，对任何人来说，都不是一件令人愉快的事。所以他人身上的缺陷，千万不能用侮辱性的言语加以攻击。中国人可以吃暗亏，也可以吃明亏，但就是不能吃"没有面子"的亏。无论是什么人，只要你触及了这块伤疤，他都会采取一定的方法进行反击。人人都想获求一种心理上的平衡。

揭竿而起的农民英雄陈胜，就特别忌讳别人提及自己"地主家长工"的出身。他的几位患难兄弟就因在他面前无意提起他"庄稼汉"时期的事情，而触犯了他的"领袖形象"，戳到了他的短处，招来杀身之祸。

三国中的英雄刘备是个"少须眉"的形象。在古代，胡子和眉毛稀少的男子被人认为是没有男子汉气概。刘备刚到西蜀时，曾被刘璋手下胡须茂盛的张裕取笑嘴上没毛，令他十分恼火。等后来他赶跑了刘璋成为张裕的主子的时候，终于找了个借口，把张裕杀了。由此可见，虽然刘备表现得有些心胸狭窄，但张裕说话尖酸刻薄，讨得一时的口头便宜，不懂维护他人尊严才是招来杀身之祸的根源所在。

"打人不打脸，骂人不揭短"，这是一个亘古不变的道理，尤其在今天的社会中，更是放之四海皆准的道理。

秦天和宋明、云朗去济宁的时候，特意去广场上的玻璃地板上体验了一下。脚下是十来米深的地下商场，透过玻璃地板看得一清二楚，走在上面有点心跳的感觉。走到尽头的时候秦天跺了一下脚，发现玻璃板居然还有些颤动。秦天说："要是掉下去了怎么办？"云朗说："掉下去让商场赔钱，赔上几百万，我宁愿掉下去。"宋明说："到时候就算真给你赔钱了你也是个瘸子。"

这几句对话其实很简单。但是云朗本身就是有点跛脚，走起路来一瘸一拐的。虽然宋明当时并不是嘲笑他的跛脚，而是想表达摔下去以后就是获得了赔偿金也弥补不了失去的健康。但是说者无心，听者有意。云朗的脸色明显变了，很长时间没有再张口说话。

第二天秦天向宋明指出这个问题的时候，宋明表示："虽然只是一句玩笑话，但我也是很后悔的。"

点评

良言一句三冬暖，恶语伤人六月寒。伤害人最深的莫过于打人打脸、骂人揭短了。所以，在社交中一定要多加注意，以免伤害感情，破坏关系。

2. 别人的"逆鳞"不能碰

中国有"逆鳞"一说。逆鳞就是龙喉下一尺的地方，传说中的龙身上只有这一处的鳞是倒长的，无论是谁触摸到这一部位，都会被激怒的龙吃掉。人也是如此，无论一个人的出身、地位、权势、风度多么傲人，也都有不能别人言及、不能冒犯的角落，这个角落就是人的"逆鳞"。

人际交往时说话要讲究点艺术，千万别触及对方的"逆鳞"。所谓的"逆鳞"就是我们所说的"痛处"，也就是缺点、自卑感。所以，我们可以由此得知，无论人格多高尚多伟大的人，身上都有缺点的存在。只要我们不触及对方的缺点，就不会惹祸上身。

人在吵架时最容易暴露其缺点。无论是挑起事端的一方还是另一方，都因为看到了对方的缺点并产生了敌意，进而使争吵更烈。争吵中，双方在众人面前互相揭短，使各自的缺点都暴露在大庭广众之下，这无论对哪一方来说都是不小的损失。

小刘和小张是同一间公司、同一个部门里的职员，工作能力难分伯仲，互为竞争对手，谁先升任科长是部门内十分关心的话题。但他们两个人竞争意识过于强烈，凡事都要对着干。快到人事变动时，他们的矛盾已激化到了不可收拾的地步，好几次互相指责，揭对方的短。领导及同事们怎么劝也无济于事。结果，两人都没有被提升，科长的职位被部门其他的同事获得了。《菜根谭》中有句话："不揭他人之短，不探他人之秘，不思他人之旧过，则可以此养德疏害。"

缺点犹如永不结疤的伤痕，轻轻一碰，也会痛在深处。赞美人本应算好事，但若口无遮拦，犯了忌讳，好事也会变成坏事。这也正是"一句话把人说笑，一句话把人说跳"之间的差别。即使赞美者和受赞者关系很密切，也要注意，不能一时兴起就不问三七二十一了。

孙海涛和马相友是很要好的朋友兼同事，同为公司的部门经理，志趣相投，嬉笑怒骂无所不说，私下里没有保留的余地，甚至对方的忌讳也是酒后茶余的谈资。

在一次公司聚会上，孙海涛有点儿喝多了，为了表达对马相友的曲折经历和能力的敬佩，他举起酒杯说："我提议大家共同为马经理的成功干杯！总结马经理的曲折历程，我得出一个结论：凡是成大事的人，必须具备三证！"孙海涛提了提嗓门说道："第一是大学毕业证；第二是监狱释放证；第三是离婚证！"话音刚落，众人哗然，马相友硬撑着喝下了那杯苦涩的酒。这"三证"中的两证无疑是马相友的忌讳和痛处，他不想让更多的人知道，也不想让人们议论，但孙海涛与他太好太熟太没有界限了。从此，马相友对这位曾经的好朋友兼同事的态度一落千丈，他们俩再也回不到当初亲密无间、无话不谈的程度了。

这就警示我们，在称赞与自己关系很好的人时，如果是当着其他人的面，千万不要冒犯他的忌讳触痛他的"逆鳞"，毕竟我们每个人都有一点儿个人缺点、过错和隐私。请尊重朋友的忌讳，不要开那些残酷的玩笑。

被别人冲撞了自己的"逆鳞"，被人揭伤疤，对谁来说，都不是令人愉快的事。不去提及他人弱点，才是待人应有的礼仪。有道德的聪明人即使在盛怒之下，通常也不会扩散愤怒的波纹，实在是控制不了自己，也只会拿起手边的玻璃杯往地上摔，绝不会拿别人的痛处来发泄自己的愤怒。玻璃杯摔完了，充其量也只不过是自己损失几个杯子而已；而击打别人的痛处，则会造成恶劣的后果。

口下留情，脚下才会有路。从谈话中，我们可以丰富知识，获得情感，加强沟通。然而，在谈话中，有时也会发生不幸的事情，这说明说话不当也有负效应。病从口入，祸从口出。有时口舌的祸害危险性不能小看，一句不负责任的话，弄不好会使人丧失性命，这绝不是危言耸听。

在人际关系中，我们有必要事先研究，找出对方"逆鳞"所在位置，以免有所冒犯。人们在正常交往中，警惕祸从口出是训练口才的一个重要方面，我们一定要认真地去注意。两个人交谈，尽量避免谈论第三者；如果所谈之事不可避免地涉及他人，也要掌握分寸，与事有关的方面可以谈，与事无关的绝少提及。

⌇点评⌇

与人交往时，不嘲笑对方的缺点和不足，不批评对方的一时失误，对方的"逆鳞"不去碰。久而久之，和你交往的人都会认为你是一个宽宏豁达、胸襟坦荡的人。有了良好的人际关系，脚下的路才能越走越宽。

3. 失意人面前不谈得意事

无论失意、得意与否，都像是海面上波浪的起伏。得意时，波浪兴起拍岸滔天；失意时，波涛消伏顺势直下，正所谓"波起波伏皆为水"。每个人的生命历程中都一定会经历几次得意与失意的潮起潮落。

但现在有些人，一旦得意就总喜欢夸耀自己，往往认为自己的学识高人一筹。每遇亲朋好友，就迫不及待地吹嘘自己的得意、成功。殊不知，这样常令别人不舒服，甚至反感。

举个例子来说，一个擅长做事的人，看到不会做事的人，很可能会揶揄他一番："你的脑子不够用吗？"这话必定会让听话的人感到不愉快。

和失意的人谈你得意的事，对方就会认为你不但不知趣，简直是挖苦、讥讽他。他对你的感情，只会更坏，不会变好的。和得意的人谈你失意的事，他至多与你作表面的应付，决不会表示真实的同情，有时还可能引起误会，以为你是要请他帮助，他会预先防备，使你无法久谈。

所以你要诉苦，应找同境况的人去诉，同病自会相怜，不但能得到精神上的安慰，亦可稍叙胸中的不平。你要谈得意事，应该向得意的人去谈，志同道合。如果你涵养功夫不够，稍有得意的事，逢人就说且自鸣得意，结果便会招人骂你器小易盈，笑你沾沾自喜，无意中还会惹起别人的妒忌。偶有不如意使你觉得满腹牢骚，如有骨鲠在喉，不免逢人就诉，结果同样惹人讨厌，说你毫无耐性，甚至笑你活该。

人生得意须尽欢，这是人之常情。如果要你在正春风得意时，故意装作不在乎的模样，也不尽情理，所以春风得意没什么好责怪的。但是在谈论你的得意时一定要看准场合和对象，如果你在失意者面前大谈你的得意之事，那就只能是自找不痛快了。

有一天，黄晓峰约了几个朋友到自己家里聚会，主要的目的是想借着

热闹的气氛，让目前情绪言低落的杜德成放松一点。

　　杜德成不久前因经营不力，没办法只得宣布破产，妻子也因为和他感情不和，正和他闹离婚。他现在是内忧外患，不堪重负了。其他的人都知道杜德成目前的状况，因此大家都避免去触及与此有关的事。可是，其中一位酒一下肚，就口不择言了，又加上刚做生意赚了一大笔，忍不住就开始大谈他的捞钱经历和消费功夫。说到兴处，还手舞足蹈，得意之情，溢于言表，这让在场的人都感觉不舒服。而正处于失意中的杜德成更是面色难看，低头不语，一会儿去洗脸，一会儿去上厕所，最后实在听不下去了，就找了个借口提前离开了。他后来跟送他走的黄晓峰生气地说："他再会赚钱也不必在我面前炫耀，这不是成心气我吗?!"

　　黄晓峰其实非常了解他的感觉，因为以前他也经历过这样的事情。在他最艰难的时候，正风光的亲戚在他面前炫耀他的房子、汽车，那种感受，真是生不如死。

　　失意的人非常脆弱，也最敏感。你的谈论在失意的人听来都充满了嘲弄，让他感到你是在蔑视他。因此你所谈论的得意，对失意者来说是一种非常严重的心灵伤害。

　　但一般来说，即使你在失意者面前大谈自己的成功，他们也不会当面表现出什么来，因为他们觉得自己没有什么资格来讲，郁郁寡欢是他们的心态。但他们会对你的言行耿耿于怀，甚至会有一种仇恨心理。

　　这种心理不会立即表现在他的脸上，因为他知道，此时的任何行为在别人看来都是一个失意者无力的辩解；但他会通过各种方式来泄恨，例如从此不再和你打交道，背后说你坏话，故意与你为难等等，于是你就失去了一个朋友。更有可能的是，你多了一个敌人，这是得不偿失的。

　　所以，不要在一个不打高尔夫球的人面前，谈论有关高尔夫球的话题，那会让你显得更加无知。同样道理，也不要在失意者面前讨论你的得意，即便你说者无意，也难免听者有心，认为你是在自我夸耀，无视他的存在或鄙视他的无知，从此忌恨于你。

　　因此当我们春风得意时，千万不要在失意者面前显现出来！如果你正得意，要你不谈论也不太容易，谁不想让别人看见自己的意气风发，所以这种人也没什么好责怪的。但是谈论你的得意时要注意场合和对象。你可以在演说的时候大谈你的得意，甚至也可以对你的崇拜者谈，享受他们钦佩的目光；但就是不要对失意的人谈。在他们面前谈得意，就像在秃子面前抱怨头发少，在瞎子面前说太阳不够亮。

当你有了得意事，不管是升了官，发了财，或是一切顺利，切忌在正失意的人面前谈论。尽量保持一颗平常心，尤其在失意者面前，要更多点同情和理解。只有如此，你的得意才能持久，你的朋友才会更多。

ZuoRenYaoHuo
ChuShiYaoYuan

4. 别替老板作决定

身在职场，要想真正成为领导靠得住、信得过、离不开的得力助手，就必须把握好办公室工作的特点，找准自己的位置。和老板沟通最重要的一条：献策，而非决策。代替老板作决定，这是做老板的最忌讳的。

懂得在办公室为人处世的艺术极其重要，特别是说话。说话谁都会，但把话说得动听，通过说话给别人留下良好印象，却未必是每个人的专长。在和老板相处的过程中，更要懂得如何去说话。

老板在公司里是最高的决策者，掌握着生杀予夺的大权。如何正确把握和老板说话的分寸，相信是职场中人都要思考的。这其中，最重要的一点就是不要代替老板作决定，而是要在老板的同意下，针对其工作习惯和时间对各种事务进行酌情处理。

韩燕燕年轻干练、活泼开朗，进入企业不到两年，就成为主力干将，是部门里最有希望晋升的员工。一天，公司经理把韩燕燕叫了过去："小韩，你进入公司时间不算长，但看起来经验丰富，能力又强。公司开展一个新项目，就交给你负责吧！"

受到公司的重用，韩燕燕自然欢欣鼓舞。恰好这天要去上海某周边城市谈判，韩燕燕考虑到一行好几个人，坐公交车不方便，人也受累，会影响谈判效果；打车一辆坐不下，两辆费用又太高；还是包一辆车好，经济又实惠。

主意定了，韩燕燕却没有直接去办理。几年的职场生涯让她懂得，遇事向上级汇报是绝对必要的。于是，韩燕燕来到经理办公室："老板，您看，我们今天要出去，这是我做的工作计划。"韩燕燕把几种方案的利弊分析了一番，接着说："我决定包一辆车去！"汇报完毕，韩燕燕满心欢喜地等着赞赏。

但是却看到经理板着脸生硬地说："是吗？可是我认为这个方案不太好，你们还是买票坐长途车去吧！"韩燕燕愣住了。她万万没想到，一个如此合情合理的建议竟然被驳回了。韩燕燕大惑不解："没道理呀，傻瓜都能看出来我的方案是最佳的。"

其实，问题就出在"我决定包一辆车"这句自作主张的话上。韩燕燕凡事多向上级汇报的意识是很可贵的，但她错就错在措辞不当上。在上级面前，说"我决定如何如何"是最犯忌讳的。如果韩燕燕能这样说：经理，现在我们有三个选择，各有利弊。我个人认为包车比较可行，但我做不了主，您的经验丰富，您帮我作个决定行吗？领导若听到这样的话，绝对会做个顺水人情，答应她的请求，这样才会两全其美。

时刻不要忘记，老板才是公司的最高决策者，无论事情的大小都有必要听取他的建议，绝不可擅自作决定。

员工的工作归根结底是为公司的利益，也完全围绕着企业的管理者展开。因此需要了解老板的工作风格、工作方式、工作重心及紧急程度，了解老板的人际网络，理解他的工作压力。忌急躁粗暴，多倾听和征询老板的意见和建议，少做一些不容辩驳的决定和争论。即便你可能是对的，即使面对能力不强的上级，同样要保持尊重，不要擅自行动和作决定。和老板保持良好的沟通，就要对老板的地位及能力永远表示敬意。

老板也是人，老板也有自己的性格。对待不同性格的老板，你都要保持耐心与宽容，把你的决定以最佳的方式渗透给他，让自己从主动的提议变成被动的接受。这样才能让老板感受到下达指令的乐趣。

◆点评◆

别替老板作决定，不要去挑战他的权威，这些如果你都做不到，就不要怪自己遭受老板的冷遇了。因此，凡事要量力而行，不可擅作主张。

5. 不做不速之客

大家一定都喜欢走亲访友，但你是否知道到别人家做客也是有学问的，你也要把握好这其中的度。切不可把拜访变成好心办坏事，成为不速之客。

朋友之间经常走动是人之常情，尤其是过节放假的时候，通过走动可以交流信息，相互帮助，进一步增进情谊。时间一长，不走动的朋友感情会淡化，但是朋友之间的走动也需要遵守一些礼仪。

韩莉经常向人诉苦说，她家来了一位叫人头疼的"沉屁股"客人。

这位仁兄叫李楠，在她家一坐就坐到了半夜，嘴里滔滔不绝地讲述着自己在单位遇到的诸多不如意，都已经很晚的时候也没有离开的打算，困得韩莉呵欠不断。由于没有休息好，韩莉第二天上班迟到了，连全勤奖都泡汤了。韩莉说现在一看见李楠就害怕。李楠自己倒是痛快了，却似乎全然不顾对方是否也感兴趣，根本没有发觉主人都疲倦得快睡着了。

"沉屁股"这个词不知道你听说没听说过，这个词语形象地刻画出了一些客人的"韧劲儿"，去别人家做客一坐就是几个小时，就跟屁股沉得轻易挪不动似的。同时，在这个词语中也反映出了作为拜访对象的主人的无奈。

温慧就是一个典型的"沉屁股"。她有个习惯，每回去别人家都出其不意，让人没有准备。有一天她闲着无聊就去同学小雨家。到那儿的时候，正赶上小雨打算去看望这几天身体不太舒服的奶奶。看她来了，小雨也不能怠慢，就只好陪她。谁知温慧一待就是一整天，不仅聊一些无聊的问题，还把她家弄得乱七八糟，瓜子嗑了一地，还把着电视不放。这一天下来弄得小雨筋疲力尽，也没能去看望奶奶。

主人对客人如此周到的招呼，客人自然也应该能够心疼一下主人。与

主人聊天，半个小时或者是喝完了一两杯茶后，就应该张罗着回家了。千万不要把别人家当成是自己家，嗑着瓜子，看着电视，自得其乐；或是干脆就把主人当成是自己发泄的对象，非要说得眼冒金星、夜幕沉沉，甚至把主人都熬睡着了才肯罢休；或者干脆摆出一副一醉方休的架势，在别人家的宴席上从中午喝到晚上。

的确，谁家都有自己的事儿，谁都想在闲暇时享受自己的私人空间。就算是人家有时间，也真诚地欢迎我们去做客，我们也应该注意把握火候，只要将诚挚的问候送到即可。

不做不速之客其实很容易，你只要做到以下几点：

首先，到朋友家拜访，一般要先打招呼。

到朋友家拜访之前，一定要让对方有一个思想准备。如对方因事不能接待你，你就不能冒冒失失地闯去，这样会打乱朋友的日常安排。

其次，拜访朋友时可以带去一些小礼物。

东西不在贵贱，主要是心意。主人不会斤斤计较礼物的多少，只会感谢你的情意。所带礼物要根据被访家庭人口结构和你去访问的目的来定。比如此次拜访是为朋友父母祝寿的话就可以带些生日礼物，如此次是去朋友家作一般性拜访就可以带些水果、糖之类的东西。

最后，选择合适的拜访时间。

访友的时间一定要考虑周到，一般应避免过早或过晚，要避开用餐时间，还要避开朋友的特殊时间，比如朋友家近日有产妇，有重病人，这时都不要去打扰。

节假日去拜访朋友应尊重朋友家的一些规矩，要安排在朋友空闲时去拜访。一般人家过年都要团聚，都要到父母家走一走，拜个年。春节期间，朋友之间的拜访适宜安排在初一、初二之后。

点评

我们有了闲暇的时间，可以找老同学、老相识去好好地聊聊。但我们在做客的过程中得学会把握一定的度，别让这种感情的交流愿望变成别人的负担，无形中让自己变成了不速之客。

6. 他人的隐私一笔带过

每个人都有好奇心，但这种好奇心无意中会成为制造矛盾的根源。喜欢传播别人隐私的人同时也是爱讲负面话的人。他们有时是因过于理想化，用自己理想化的模式，去套生活中的现实，结果常常是事与愿违。

比如在办公室，大家在一起谈论其他同事，你将议论传播出去，你就是在制造同事之间的矛盾。办公室的同事必定人人自危，对你这个导火索只有避之唯恐不及。

人们由于好奇，对于一旦获悉的秘密，是很难忘记的。如果是在偶然的机会获得了别人的秘密，最好是装作不知道这件事情。你要知道，有时知道了能力强的同事的隐私，你可能会成为他的心腹，也可能会成为他的心腹之患。

某单位的刘婷婷、李艳和沈丹及其他同事在同一办公室工作，其中刘婷婷和李艳业务能力较强。公司正准备从这些人中提拔一位办公室主任，接替即将退休的老主任，刘婷婷和李艳比较有希望。刘婷婷与上层领导关系不错，而李艳是老主任的红人。上层领导已经漏出口风，计划由刘婷婷接任。此时却发生了一件意想不到的事情，单位里传出刘婷婷好像存在男女关系问题，此事是从沈丹口中得知。事情的结果是李艳接替老主任，上层领导对沈丹不满意，借故将其调到一个效益较差的部门去工作了。

沈丹就是因为传播了同事的隐私，不但影响了别人，自己也没有得到好处，反而受到同事们的戒备和领导的惩罚。

要明白知人知面不知心，特别是对于能力强的同事来讲，某个人的隐私也许就是他人要搞掉这人的一张牌。你在无意之中帮了他的大忙，但没有人会感谢你，相反会对你加倍提防小心。

为人处世的原则是，要尽量避免加入谈论他人隐私的行列，不要凡事

都爱凑热闹。没有酒量的人更要注意，避免酒后失言。

有个长舌的老妇人向牧师承认说过许多人的闲话，她不知道还有没有办法可以弥补。牧师并没有对她说教，只是给她一个枕头，要她到教堂的钟楼上，把枕头里的羽毛散到空中去。她照着做了。牧师说："好吧，现在把每一根羽毛再收集起来，放回枕头里去。"这位老妇人为难地说："牧师，那是办不到的！"牧师很严正地说："同样的，要追回所说的每一个闲话，那就更难办到了。"

人们有的时候喜欢把自己的烦心事告诉别人。或许在偶然间，或许有人把你当做真心的朋友对你倾诉衷肠，你获得了同事的隐私。此时千万不可得意，因为在无形之中你已经增加了一份担子，承担了一份责任。无论是有意的还是无心的，同事的隐私一旦从你之口暴露，不仅会使同事难堪，而且会使你的信誉大打折扣。

对别人隐私的传播会造成很大的影响，轻者羞愧懊恼，重者颜面扫地。此人对传播谣言者也必定恨之入骨，找机会报复。所以，何必去做被人指责的小人呢？

~~~ 点评 ~~~

不要对别人的隐私抱有好奇心，要知道有些事只有点到为止，才能给自己也给他人留下一片自由呼吸的空间。真正聪明的人，会对他人的隐私一笔带过。

7. 求人办事，切忌强人所难

有的人做什么事都只从自己的利益出发，根本不在乎别人有什么困难，一旦自己有事相求，就要求别人非答应他不可，这种强人所难的做法，是求人办事的大忌。

人与人之间的交往应该以自然为宜，双方都觉得没有压力，这才是人际交往的理想境界。提出让别人为难的要求，说明你对别人的期望要求过高，这本身就是一种压力。

同时，你的要求令他为难，说明你以前的付出还没累积到可以提这个要求的时候。一棵树上结满了李子，李子成熟时味道甘美，可你非得在李子刚刚长出时就要吃，那尝到的滋味肯定是苦涩的。人际关系也是我们培育的果树，过早地摘取果实既费了自己的精力，又尝不到果实的美味，万事不可强求。

刘辉有一次求领导办事。他频繁地往领导家里跑，尤其在下班以后，也不管人家愿意不愿意，在领导家一"泡"就是几个小时，和领导东拉西扯套近乎。领导虽然在谈话中笑脸相对，但是事情终归是没有办成。这件事情让刘辉感到很奇怪，这么多天下来已经和老板混熟了，事情应该很好办才对，但结果却很让人失望。

刘辉以为这样就能获得领导的好感，事情就好办很多。殊不知，这种行为不管有心无心都有"咬人不撒嘴"之嫌，会使人很不耐烦。

求人办事，如果对方不愿帮忙，肯定有不愿意的理由，求人者就应该体谅对方的难处，另想办法，不能强求。也许对方还有顾虑，你就应给他充分的时间来考虑，千万不能因对方一时没有答应便意气用事，强人所难。

徐枫得知老同学赵卓的亲戚在政府部门掌权，便找赵卓，希望能通过赵卓的亲戚把他从乡下调到城里。赵卓见老同学相求，虽犹豫，但还是答

应了。赵卓问过他的亲戚后，亲戚说无法办，赵卓便向徐枫说明情况。但徐枫却认为是赵卓不尽心，立即拉下了脸说："你真不够朋友，这么一件小事都不帮忙。"说罢便转身走人。赵卓感觉自己费力不讨好，心里很不是滋味。他原打算讲完这件事后，建议另一个和他关系不错的人，有可能办成这件事。但看徐枫的态度，他也不敢再说这层关系了。他怕如果再办不成，不知徐枫会怎样对待他了。

徐枫这样意气用事，也是强人所难的一种做法。当你有事需要求人帮忙时，朋友当然是第一人选，可你不能不顾朋友是否情愿，不讲分寸。

比如你想要朋友跟你一起去参加某项活动，朋友表示出犹豫。这时，如果你再强行拉他与你同去，就会使朋友感到左右为难，如果他已有活动安排不便改变就更难堪。对你的所求，若答应则打乱自己的计划，若拒绝又在情面上过意不去。或许他表现乐意而为，但心中就有几分不快，认为你太霸道，不讲道理。所以，你对朋友有所求时，应该采取商量口吻讲话，尽量在朋友方便或情愿的前提下提出请求。

老贾在某县的公安局工作，是公安局的副局长，经常有朋友来找老贾帮忙，其中有的能帮，有的不能帮。老丁的儿子因盗窃罪被拘留，很可能被判刑。老丁想请老贾帮帮忙，说句话让儿子少坐一年半年的牢。老贾是个原则性很强的人，这个忙是肯定不会帮的，老丁的请求当然被老贾拒绝了。

求人办事绝对不能强人所难。如果你提出让人为难的要求，不外乎两种结果，一是遭到人的拒绝，每个人办事都会从自己的利益出发，没必要为了别人而让自己为难；二是对方可能这次满足你的要求，但这是最后的一次，用这次的帮忙彻底回报了你全部的人情，关系很可能从此发生转折或终止。每个人都不是万能的神，能力都有限，提出人能力所不及的要求，是对他人的伤害。

点评

托人办事，要考虑到人家是否能办得到。如果人家诚心诚意向你表示他爱莫能助，就不能强求人家非给你办成不可。要知道，强人所难，是求人办事过程中的一大禁忌。

8. 不要伤害他人自尊

无论你相信什么，你都必须确信一点：在自尊方面，别人和你一模一样。自尊心是每一个人都拥有的，无论是高高在上的企业总裁，还是沿街乞讨的流浪者。所以，在待人处世方面，一定不要过分地强调了自己的自尊，而把别人的自尊踩在脚下。

传奇性的法国飞行先锋和作家安托安娜曾说过："我没有权利去做或说任何事以贬抑一个人的自尊。重要的并不是我觉得他怎么样，而是他觉得他自己如何。伤害他人的自尊是一种罪行。"

英国一家大超市的经理大卫每天都到他的连锁店去巡视一遍。有一次他看见一名顾客站在台前等待，没有一个售货员对她稍加注意。那些售货员在柜台远处的另一头挤成一堆，彼此又说又笑。身为经理的他当然对这一情况很不满意，一定要纠正这种不负责任的行为。但是大卫并没有直接地指责那些在上班时间闲谈的售货员，他采取了巧妙暗示、保全员工面子的方法处理了这件事。他站在柜台后面，亲自招呼那位女顾客，然后把货品交给售货员包装，接着他就走开了。售货员当然看到了这个情况，自责的她们再没有让类似的情况发生。

大卫没有直接指责员工的不负责，而是亲自去为顾客服务，让员工意识到自己的失职，起到了间接地纠正员工错误的作用。

做事也要讲究艺术。在办事过程中，如果发现对方的做法与自己的要求不符，可以通过巧妙的暗示，这比使对方恼怒的指责要高明得多。如果对方办事的方法不符合你的要求，当面指责只会造成对方的反抗，容易把事搞砸。而巧妙地暗示对方，则可以轻松地把事情处理好。

有些人面对直接的批评会非常愤怒，因为他们觉得伤害了他们的自尊。这时，就要间接地让他们去面对自己的错误，这样做会有非常神奇的

效果。

伊丽莎白女士运用巧妙暗示的方法，使得一群懒惰的建筑工人，在帮她盖房子之后清理现场。开始请工人干活的时候，伊丽莎白女士下班回家之后，发现满院子都是锯木屑。她不想去跟工人们抗议，因为他们工程做得很好。所以等工人们走了之后，她跟孩子们一起把这些碎木块捡起来，并整整齐齐地堆放在屋角。次日早晨，她把领班叫到旁边说："我很高兴昨天晚上草地上这么干净。"从那天起，工人们每天都把木屑捡起来，堆放在一边，领班也每天都来看看草地的状况。

这种既达到目的又不伤人自尊的办事方法，使人们更易于改正错误；使他们自己认为自己很重要，同时愿意和你合作把事情办好，而不是反抗或抵触。

生活中的很多事，其实本身并不复杂，往往是因为一时的自尊心受到伤害而使事情办起来更复杂了。许多时候我们清楚，真理是站在自己这一边的，但这并不意味着，有了道理就可以不依不饶。

田老师是一所大专学校的老师，他有一个学生因乱停车而堵住了学院的一个入口。田老师冲进教室，以一种非常凶悍的口吻问道："是谁的车堵住了车道？"当车主回答时，田老师吼道："你马上给我开走，否则我就把车绑上拖车拖走。"

虽然这位学生不应该把车停在那儿，但是田老师的做法未免有伤他人自尊。从那一次起，不光是这位学生对田老师的举止感到愤怒，全班的学生都尽量地做些事情以造成他的不便，使得他的工作更加不愉快。田老师原本可以用完全不同的方式处理这件事的，假如他以友善或建议性的口吻来劝说，也许这位学生会很乐意地把车开走，而且其他同学也就不会那么生气了。

自尊自信是人不断进取的阶梯，是促使人奋发进取的心理因素。它能使人产生巨大的力量，这种催人向上的力量，既是一种强大的驱动力，又是一种强大的自我约束力。可以说，人的一生取得的任何一次成功，都是伴随着自尊自信取得的，人类社会的进步和发展也伴随着人类的自尊自信而取得。

因此，维护他人自尊是一个非常值得重视的问题。在与人说话时切不

可伤害别人的自尊，要学会控制自己的情绪。

～⊱ 点评 ⊰～

当我们做事的时候，尽量考虑到别人的感受，我们没有权利去做或说任何事以贬抑一个人的自尊。重要的并不是我们觉得他怎么样，而是他会觉得自己如何。礼让不是人际关系上的怯懦，而是把无谓的攻击降到零。

9. 不要挡人财路

有些人似乎有一种毛病，就是见不得别人好。如果别人不如自己，却发了大财，就更觉心里不平衡，甚至产生挡人财路的想法。

有句话叫"夺人道路人还夺"。在人际交往中，最好不要挡人财路。挡人财路，别人就一定会挡住你财路，夺你财路。俗话说：穷帮穷，财气雄；富斗富，没房住。这种两败俱伤的事，不是智者所为的。

与其挡人财路，还不如自己另辟财路。大多数的人都是为钱而工作，这无可厚非，因为生活需要钱，没有钱便无法生活了。即使生活已经无忧，钱还是人人喜爱的东西，这是人类最基本的欲望之一。所以挡人财路是一件很严重的事情。

挡人财路无非就是指阻挡别人赚钱、获取利益的机会。一般来说，挡人财路行为的发生并不是偶然的。在资源有限时，因为你拿多了，我就拿少了，你全部拿了，我便没有了；为了保障自己的利益，便用各种方法去争夺对方的利益。这种挡人财路行为的发生无非是受了个人利益的驱使。

别人有机会晋升加薪，不管你心理感受如何，最好不要去从中作梗。你若因为报复、嫉妒而去挡人财路，这事迟早会外露的。

所谓争强好胜的心态有时是一种嫉妒的心理。这种人看你拿得多，或是自己虽然也拿得不少，但你拿得比他更多，于是他就起了嫉妒心。而嫉妒的起源无非来自于自己的贪欲，没有什么原因，只因认为自己拿得不够多，于是就挡住对方的财路，看能不能将之据为己有。通常，持有这种心态的人，往往最后什么也得不到。

存有报复心理的人，多会做些挡人家财路的事。别人和自己有怨，逮到机会便挡住他的财路，虽然自己也得不到，但却满足了报复的快感。但这种报复往往得不偿失。对自己反而无利。

石武与孔育的厂子都同时开发了一个项目，但由于孔育的技术力量雄厚，他的项目比石武早一个月面市。本来与孔育共同研究一个项目，石武就已经感到窝火，没想到还让他抢了先机，石武更是气上加气。于是他匿名向质检部门写了一封检举信，检举孔育的产品有质量问题。结果是孔育的工厂停产一个月接受检查，损失惨重。孔育知情后也愤怒地把石武告上了检察院，还花重金买到了石武厂子的独家资料。

正当石武为挡了孔育的财路而沾沾自喜时，也接到了检察院的检查通知信，这股风竟然刮到了自己的头上。石武最终因产品不合格而不得不停产，真可谓是赔了夫人又折兵啊，挡人财路最终害人害己。

挡人财路的原因和手段有很多，但后果都只有一个，就是会引起对方的仇恨。有的立即做出反扑的动作，有的则"君子报仇，十年不晚"，但至少你和对方已有了嫌隙。

所以，在社会上行走，最好不要挡人财路。即使是为了自己的利益，不小心挡了别人的财路也是不可以的。因为一旦引起争夺，可能你什么也得不到。

但是有些情况可以另当别论，如果是基于正义，还是可以适当地挡人财路的。

～∽ 点评 ∽～

> 钱是人人需要的东西，也是人们最基本的欲望之一，所以挡人财路是一件很严重的事情，也是很得罪人的事情，因此，必须谨慎对待。

第十章

掌分寸,恰到好处左右逢源

万事万物都有度,这个度之于人的为人处世就体现在分寸上。分寸掌握得好,办事就顺风顺水,左右逢源。做人如果不懂得什么才是恰到好处,办起事来就难免左右为难,人际关系也会受到影响。

1. 踏实处世，忌急功近利

揠苗助长的故事大家一定都听说过，所以我们不难理解。急功近利、好高骛远的人，只不过有个看似比别人崇高的目标罢了，若不肯脚踏实地去做，最后只能与失败为伍。

史密斯是一位年轻的律师，他花了很大一笔资金来装修他的事务所。史密斯买了一部豪华的电话机，作最终的装饰。当这部漂亮的电话机摆在律师的写字桌上时，史密斯很满意它的亮相。史密斯的秘书报告一个顾客来访，对于首位顾客，史密斯按规矩让他在候客室等了一刻钟。而后让顾客进来时，史密斯拿起了电话筒。为了给客人更深的印象，他假装回答一个极为重要的电话："尊敬的总经理，我已经对您说过了，我们只是在浪费彼此的时间罢了……但是，好的……我知道，如果您一定要坚持的话……可是您要明白，低于两千万我不能接受……好，我同意……以后再联络，再见。"年轻的史密斯终于挂上了电话，而在门口站着不动的顾客，好像非常尴尬。"请问您有什么事?"史密斯微笑着问这位局促不安的客人。客人犹豫了半晌，低声说："我是技术工人，公司派我来给你接电话线。"

这位荒唐可笑的律师告诉我们，为人处世急功近利，弄虚作假，没有任何实际作用。做事要踏实，懂分寸。再大的气球也飞不上月球，浮华的表面是很容易被捅破的，只有内心的充实才是永远的财富。

凡是成大事者，都力戒"浮躁"二字。只有踏踏实实地行动才可开创成功的人生局面。只有不断地充实自己，踏踏实实地做好每一件事，成功的天平才会向你倾斜。急功近利会使你失去清醒的头脑，在你奋斗的过程中，浮躁占据着你的思维，使你不能正确地制定方针、策略而稳步前进。

任何一位试图成大事的人都要扼制住急功近利的心态，只有踏实做

事，才能达到自己的目标。

古代有个精于射箭的人叫做养由基，传说他具有百步穿杨的本领。而且，据说连动物都知晓他的本领，所以动物们都很害怕他。有一次楚王与养由基一同狩猎，看见两个小猴子抱着一棵树，爬上爬下，玩得很开心。楚王张弓搭箭要去射它们，猴子毫不慌张，还对人做鬼脸，仍旧蹦跳自如。这时，养由基走过来，接过了楚王的弓箭，于是，猴子便哭叫着抱在一块，害怕得发起抖来。

有一个人很仰慕养由基的射术，决心要拜养由基为师。经几次三番的请求，养由基终于同意了收他为徒。收徒后的第一课，养由基交给徒弟一根很细的针，要他放在离眼睛几尺远的地方，整天盯着针眼看。可这个学生有点疑惑，过了几天，问老师说："我是来学射箭的，老师为什么要我干这莫名其妙的事，什么时候教我学射术呀？"养由基说："这就是在学射术，你继续看吧。"这个学生开始表现还好，能坚持看下去，看了两三天，便有些烦了。他心想，我是来学射术的，看针眼能看出什么来呢？这个老师不会是敷衍我吧？

同时，养由基还教他练臂力的办法，一天到晚要他伸直手臂，还要在掌上平端一块大石头。这样做当然很辛苦，那个徒弟又想不通了。他想，我只学他的射术，他让我端这么大的石头做什么？于是很不服气，不愿再练。

养由基看出他实在不是学射箭的材料，就由他去了。后来这个人又跟别的老师学艺，最终没有学到射术，空走了很多地方。

其实，这个徒弟就是因为不懂脚踏实地的学习、一点一滴的积累才是学习本领的要诀。他急功近利、好高骛远，不甘于从一点一滴做起，他的射术又怎么会精湛呢？

为人处世，只要能坚持下去，而不是抱着急功近利的态度，最后肯定能收获自己期望的满意结果。事实证明，每一个成功人士，都是一步一个脚印、脚踏实地，从最基础的事情做起，为自己的发展打下坚实的基础的。这道理就像建造房子一样，只有把基础打扎实了，发展才会迅速，大楼才会盖得既牢固又高大。

从前有两只天鹅和一只青蛙是很要好的朋友。有一年，因为大旱，天

鹅必须飞到有水的地方才能生存下去。可青蛙不会飞，它该怎么办呢？经过一番冥思苦想，青蛙终于想出了一个好主意。它找来一根绳子，让两只天鹅各咬住绳子一头，它咬着绳中间，这样天鹅就可以带着它一起飞了。两只天鹅既然是青蛙的好朋友，于是就欣然同意了。

一路上，其他的小动物们听说这件事后，都觉得这个办法太好了。大声问："是谁想出来的好主意？"小兔说："肯定是天鹅想的办法。"杜鹃说："那么我们应该选天鹅为最聪明的动物。"青蛙一听，着急了，大喊一声："这是我的功劳。"由于青蛙张嘴一喊，一下子从绳子上掉了下来，顿时摔死在地。

青蛙这种急功近利的做法，反害了自己。是你的终归是你的，如果一味地追求，过分贪图，反而会适得其反，弄巧成拙，最终一事无成，因此做人还是要踏实些。

点评

俗话说："欲速则不达。"做人做事还需忍耐，步步为营。成功其实没有捷径，日积月累才能厚积薄发。只有拥有稳扎稳打的实力后，你才能够走向成功，急于求成是每一个人成功路上的绊脚石。

2. 恰到好处地说别人喜欢听的话

为了彼此融洽相处，维护自身的良好形象，我们应该特别重视生活中的人际关系，尤其平时说话时多能笑口常开，彬彬有礼，在激动时也能保持冷静。在谈话技巧上，也要注意时间、环境、分寸，以获得别人的好感。沟通的技巧不仅能代表个人受教育的程度与素养，也能显示你的社交水平。

（1）先"恭维"后"不过"

对别人的建议或忠告，多半不要马上答复。即使不想采纳，通常也要礼貌地说：你的主意很棒，不过你是否想用另外一种方式来考虑呢？

（2）以冷静的方式解窘

做事要心胸开阔，遇到窘境下不了台时，也能泰然处之，甚至以自责或自贬的方式，一笑了之。例如：上司带着埋怨的口气说：你该做完的工作没有做完。下属会冷静地说：是的，我忘了，下次我会记住。

（3）多用积极正面的语气

为了使对方感到乐观、积极，尽量少用消极语气。

一位神父正在向周围的一群听众讲解教义。神父的声音很好听，而且他能把那些平常令非教徒感觉枯燥无味的教义讲解得非常生动。他说："上帝深爱着他的每一位子民，并且给予了他们同样公平的机会和能力，只不过有的人对深藏在自己体内的能力发掘得较早，而有的人则晚一点而已。只要不放弃，每个人都会得到上帝的帮助。"

最后他以一句非常富有感情的话作为这次讲解教义的结束语："共同努力吧，每一位上帝珍爱的子民，每一位从天而降的完美天使！"

当神父准备走下讲坛的时候，一位嗓门很大的青年男子首先向神父提出疑问。神父表示十分愿意和他一起面对难题。

这位男子用右手食指指着自己的脸对神父说："如果像你所说的那样，上帝对他的每一位子民都是公平的，那他为什么把别人塑造成漂亮的天

使，而我却长着这样一张难看的脸?"

青年男子的话引起了周围人的一阵哄笑。也许他们是在笑能言善辩的神父遇到了难题，也许是在对青年男子的自嘲感到好笑，但是他们的这阵笑声却更令青年男子感到不开心。他认为众人是在嘲笑自己的脸，所以直直地瞪着神父，等待神父的回答。

神父依然微笑着，依然用自己娓娓动听的声音回答了青年男子的问题："你当然也是上帝最珍爱的完美天使，只不过在从天而降的时候，你的脸先着地而已。"

神父的话说完，周围的人一阵会心地微笑。年轻人也听出此时人们的笑充满了善意和理解。

接下来，又有一位天生跛脚的少妇也向神父就自身的生理缺陷提出了疑问，她认为上帝对自己极不公平。

神父用同样的声调和态度对眼前这位看上去很自卑的少妇说："在你从天而降的时候，你忘了在降落的过程中打开降落伞，而且你是用单腿着地的。"然后神父指了指自己的一双短腿笑着说道："我同样忘记在降落的过程中打开降落伞，不过我是双腿一齐着地的。"

神父的话音刚落，讲坛下响起了一片掌声，而那两位提出疑问的青年男女的脸上洋溢着难得的自信笑容。过去他们总是为自己的一点缺陷而自卑、难过，可是现在他们可以从容地站在人群当中了。因为他们相信，自己同样是上帝珍爱的完美天使。

恰到好处地说别人喜欢听的话，能够给人以轻松愉悦的感觉。这种话沁人心脾，更容易让人接受和喜欢，说话的人也更容易得到别人的关注和喜爱。

〰️ 点评 〰️

我们在平时与人交流时，实在是有必要注意自己的说话方式，在说话之前应该好好想想，这句话会让别人喜欢，还是让人心生厌恶。让我们做个受人喜欢的人吧！

3. 不要将自己的意见强加给别人

孔子说："己所不欲，勿施于人。"自己不喜欢的，就不要强加给别人。饥寒是自己不喜欢的，不要把它强加给别人；耻辱是自己不喜欢的，也不要把它强加给别人。将心比心，推己及人，从自己的利与害联想到别人的利与害，多替别人着想，这是终生应该奉行的原则。

曾经有一位荒唐的眼科医生为病人配眼镜，居然摘下自己的请病人试戴，理由是："我已经戴了 10 年，效果很好，就给你吧！反正我家里还有一副。"

谁都知道这是行不通的，可是医生却说："我戴得很好，你再试试，别着急。"

病人坚持说："可是我看到的东西都扭曲了。"

"只要有信心，你一定看得到的。"医生也坚持着。

病人一再抗议，医生居然恼羞成怒："算我倒霉，好心没好报。"

这位眼科医生尚未诊断就先开处方，谁敢领教？这虽然是一则笑话，却暴露了一个许多人共有的缺点，就是不在乎别人的喜好与感受而将自己的意见强加于人。

人们都喜欢拥有自己独立的思想，没有人喜欢接受推销，或被人强迫去做一件事。人们都喜欢按照自己的意愿购买东西，或照自己的意思行动，希望别人在做事时征询自己的愿望、需求和意见，不喜欢别人妄下主张。但是有些人做事的时候往往忽略这一点，那是因为他们做事的时候，被一种占有和控制的欲望驱使着，想把自己的意见强加给别人，希望别人按照自己的意愿行事。但是这种一意孤行的做法往往会落空，因为没有人喜欢被他人支配。

有一天，刘静宜走进一家电器商店，一台音色清纯透亮、低音浑厚、

震撼力强的音响引起了刘静宜的注意。一位男售货员热情地迎上来，满脸职业微笑，主动介绍这种新产品。他的介绍很在行、很流畅，从性能优势到结构特点，从性价比到售后服务，一一道来，边介绍边进行演示。

起初刘静宜被他那热情而熟练的介绍所感动，对产品产生几分好感，本想问点什么，可是他连珠炮似的讲着，刘静宜却总是插不上嘴。他不管刘静宜懂还是不懂，也不管刘静宜反应如何，喋喋不休地讲下去，似乎刘静宜不掏出钱包他就决不罢休。

刘静宜心中产生了几分不悦，特别是当他褒扬自己的品牌而贬低其他品牌时，刘静宜不免对他的动机产生了疑问：如此夸夸其谈，产品性能是否果真高超？顿时，这种疑虑把先前产生的好感一扫而光，只是出于礼貌不好意思走开。幸好这时又来了一位顾客，刘静宜乘机"逃"出了商店。

我们不能不说这是一位训练有素且内行的推销员，但却又是一个不懂得办事说话分寸的推销员。

为什么他那滔滔不绝的介绍反而扑灭了顾客的购买欲望呢？这是值得深思的。作为推销人员，完全可以诱发顾客自主的购买兴趣，而不是以强加于他的方式来销售商品。

张子军专门从事将新设计的草图卖给服装设计师和生产商的业务。3年来，他每星期，或每隔一星期，都前去拜访纽约最著名的一位服装设计师。"他从没有拒绝见我，但也从没有买过我所设计的东西，"张子军说道，"他每次都仔细地看过我带去的草图，然后说：'对不起，张子军先生，我们今天又做不成生意啦！'"

经过多次的失败，张子军体会到自己一定是过于墨守成规，所以决心研究一下人际关系的有关法则，以帮助自己获得一些新的观念，找到新的力量。

后来，他采用了一种新的处理方式。他把几张没有完成的草图挟在腋下，然后跑去见设计师。"我想请您帮点小忙，"张子军说道，"这里有几张尚未完成的草图，可否请您帮忙完成，以更加符合你们的需要？"

设计师一言不发地看了一下草图，然后说："把这些草图留在这里，过几天再来找我。"3天之后，张子军回去找设计师，听了他的意见，然后把草图带回工作室，按照设计师的意见认真完成。结果呢？张子军说道：

做人要活 处世要圆

ZuoRenYaoHuo
ChuShiYaoYuan

"我一直希望他买我提供的东西，这是不对的。后来我请他提供意见，他就成了设计人。我并没有把东西推销给他，是他自己买了。"

～点评～

> 卡耐基说：没有人喜欢接受推销，或是被人强迫去做一件事。我们都喜欢按照自己的意愿去购买东西，或照自己的意思行动。也就是说，无论做人做事，都不要将自己的意见强加给别人，这样只会得不偿失。

4. 不要把话说得太满

人生一世，千万不要使自己的思维和言行沿着某一固定的方向发展，直到极端；而应在发展过程中冷静地认识、判断各种可能发生的事情，以便能有足够的回旋余地来采取机动的应对措施。

杯子留有空间，就不会因加进其他液体而溢出来；气球留有空间，便不会因再灌一些空气而爆炸；人说话留有空间，便不会因为"意外"出现而下不了台，因而可以从容转身。

宋朝时，有一位精通《易经》的大哲学家邵康节，与当时的著名理学家程颢、程颐是表兄弟，同时和苏东坡也有往来。但二程和苏东坡一向不睦。

邵康节病得很重的时候，二程弟兄在病榻前照顾。这时外面有人来探病，程氏兄弟问明来的人是苏东坡后，就吩咐下去，不要让苏东坡进来。

躺在床上的邵康节，此时已经不能再说话了，他就举起一双手来，比成一个缺口的样子。程氏兄弟有点纳闷，不明白他做出这个手势是什么意思。

不久，邵康节喘过一口气来，说："把眼前的路留宽一点，好让后来的人走走。"说完，他就咽气了。

邵康节的话是很有道理的。因为事物是复杂多变的，任何人都不能预料到以后会发生什么事，不要凭着自己的主观臆断，来判定事情的最终结果，过早地把话说满，不留一点余地。要知道，对于每个人的人生来说，世事浮沉不定，常常难以自料。

就像吃饭吃个半饱才有助于健康，饮酒饮到微醺才能体会到饮酒的快感的道理一样。很多时候我们需要给自己留下一点空隙，不要把话说得太满，要留有余地，才会有事后回旋的空间。就像两车之间的安全距离，要留一点缓冲的余地，才可以随时调整自己，进退自如。

某项工作的难度很大，李老板将此事交给了侯博文来完成。李老板问他：

"有没有什么问题?"侯博文拍着胸脯回答说:"没问题,放心吧!"过了三天,没有任何动静。李老板问他进度如何,侯博文这才老实说:"不如想象中那么简单!"虽然李老板同意他继续努力,但难免对他的拍胸脯已有些反感。

这就是把话说得太满而给自己造成窘迫的例子。当然,也有人话说得很满,而且也做得到。不过凡事总有意外,使得事情产生变化,而这些意外并不是人能预料的。话不要说得太满,就是为了容纳这个"意外"!

所以在我们的工作中,一定需要注意,对上级交办的事当然应接受,但不要说"保证没问题",应代以"应该没问题,我全力以赴"之类的话。这是为了万一自己做不到所留的后路,而这样说事实上也无损你的诚意,反而更显出你的谨慎,别人会因此更信赖你。即便事情没做好,也不会责怪你!

如果你是个细心的人,你就会发现,很多人在面对记者的询问时,都偏爱用这些字眼,诸如:可能、尽量、或许、研究、考虑、评估、征询各方意见等,这些都不是肯定的字眼。他们之所以如此,就是为了留一点儿空间好容纳"意外";否则一下子把话说死了,结果事与愿违,那会很被动的。

用不确定的词句一般都可以降低人们的期望值。你若不能顺利地完成任务,人们因对你期望不高而能用谅解来代替不满,有时他们还会因此而看到你的努力,不会全部抹杀你的成绩;你若能出色地完成任务,他们往往喜出望外,这种增值的喜悦会给你带来很多好处。因此凡事要留有余地,不要把话讲得太满,要收放自如,让自己立于不败之地,从而在适度和完美之间找到平衡。

当别人有求于你时,对别人的请托可以答应接受,但不要"保证",应代之以"我尽量,我试试看"等字眼。

在日常生活中也应该如此。与人交恶,不要口出恶言,更不要说出"势不两立"、"老死不相往来"之类的话;不管谁对谁错,最好是闭口不言,以便他日需要携手合作时还有"面子"。对人不要太早下评断,像"这个人完蛋了"、"这个人一辈子没出息"之类属于盖棺定论的话最好不要说。一辈子要走的路很长,谁都不能保证将来会是什么样。

说话不留余地等于不留退路。要么成功、要么失败的简单逻辑已不适合复杂多变的社会,为此付出的代价有时是你无法承受的。与其与自己较劲儿，不如多用一些缓和语气之类的说话方式。

点评

俗话说："十年河东，十年河西。"在社会发展日新月异的当今时代，如果把话说得太满，把事做得过绝，将来一旦事情发生变化，就难有回旋的余地了。

5. 与领导相处不要过于拘谨

日常人际交往中，谨慎也要有个度。有不少人过分谨慎，从而走向了另一个极端——拘谨，遇到任何事都谨小慎微，前怕狼后怕虎，说话婆婆妈妈，办事唯唯诺诺。

人际交往中需要谦虚、谨慎，但也要把握好度。尤其是在与领导人相处的时候，态度很重要，但绝不需要过于拘谨。作为一个下属，当领导赏识你的才干，想提拔你的时候，如果你一再说"我不行，我不行"，领导对你就会有看法。他或许认为你真的不行，或许认为你怕担责任，或许会认为你不给他面子，不管是哪种看法，对你都不利。

许绍安就是一个在领导面前谨慎过分的人。他简直是个树叶落下来也怕砸脑袋的人。平时不爱说话，只知道踏踏实实，埋头工作。一年内为研究所搞出两项科研成果。为此，研究所所长非常欣赏他，有意提拔他为副所长。可是，每一次所长把自己的意思说给许绍安时，他总是谦虚地说："我不行，我真的不行，您别为难我了。"这样经过三次后，所长再也不找许绍安谈话了，把另一个在能力上不如许绍安的研究员提拔为了副所长。其实，许绍安并不是不想当副所长，人都有渴望成功的欲望。可是，由于他过分拘谨，机会与他失之交臂。

要想跟上时代的步伐，解放思想，就要摆脱拘谨，抛弃那些封建教条和呆板的古训，做超脱的一代，成为一个洒脱的人。

在领导面前还要鼓起勇气，自我鼓励。只要多给自己壮胆，多给自己鼓劲，随时注意调整好自己的情绪，拘谨就会被克服。但是壮胆不是凭着傻大胆，鼓劲也不是随便鼓气，而是要在拓展胸襟、开阔视野的基础上，有理有力地去做。

工作中处处充满竞争，过分拘谨就有可能在竞争中失利。作为初入职

场的年轻人，过分拘谨，容易使你失去进取的机会，失去许多本可以交得很好的朋友，错过上司或老师赏识你的可能性，漏掉施展才华、发挥才能的机会等等。

所以，在上级面前应该适当地表现，不要过于拘谨。总之，只要你有信心、肯努力，就没有跨不过去的障碍，更何况仅仅是克服拘谨的心理。如果你是一个在人前感觉拘谨的人，并认为拘谨的确阻碍了你与他人更好地进行交往，成为你社交的障碍，那么试着改变自己与人交谈的方式，你会发现与人沟通将变得轻而易举起来。

～❀点评❀～

> 无论做任何事情，谦虚与谨慎总是人们获得成功的重要因素，人际交往更不能例外。但是要明白谨慎并不等于拘谨，只有在领导面前大方地表现自己，才能获得发展的机会。

6. 办事量力而行，不可逞匹夫之勇

办事要量力而行，对自己做不到的事，要说明情况，不要勉为其难。乱逞英雄、匹夫之勇都是不可取的行为，这样做和一个没有理智的莽夫没有区别。

只有两碗饭的量，却硬是要每餐吃三碗，你不难受才怪；只能挑一百斤重的担子，却硬是要挑起两百斤，你不受伤才怪。同样的道理，明明做不到的事情，你偏要去做，那你一定会碰钉子的。

做事要量力而行。自己感到难以做到的事，要勇敢地鼓起勇气，承认自己的不足，让对方有个了解，自己也有一个缓和的余地。要勇于说"不"。试想一下，如果硬撑着答应，将来误了事儿，那才不好收场。

我们要正确地估量自己，不要去做自己力所不能的事情。"盈则满，花至半开，酒至微醉，是为最佳"。做自己无法胜任的事情，无疑是自找苦吃。人，只有量力而行，该放就放，当止则止，才能在轻松快乐的节奏中，收获真正应该属于自己的那份成功。

在工作中，领导让你做某事时，你要认真地考虑好，这件事自己是否能够胜任。把自己的能力与事情的难易程度以及客观条件是否具备结合起来考虑，然后再作决定。

齐睿老师刚到育才中学任教时，正碰上市教委到该校抽人，拟对全市中学进行实地考察，并写出调查报告。因齐睿老师还没被安排授课，就抽了他去。起初，他感觉为难，心想自己不仅对本市中学教育情况不熟悉，就是对教育工作本身，自己也是刚刚走出校门，又能知道多少呢？他本不想参加，无奈校长已经开口，实在不好拒绝，只好勉强服从。

一个半月过去了，别人都按分工交了调查报告，唯有他一个人，由于不熟悉情况，又缺乏经验，对自己分工调查的三个中学连基本情况都没摸

清，更不用说分析了。市教委主任很恼火，责备该校校长怎么推荐这么一个人。齐睿老师面子受不了，又气又羞愧，一下子病倒了，在床上躺了两个星期。

齐睿老师由于当初不好意思拒绝，最终面子难保，身心都受到了伤害。作为下级，往往在领导提出要求时，虽然不乐意，但又不好拒绝。但是你没有考虑到，如果为了一时的情面接受自己根本无法完成的任务，一旦失败了，领导就不会考虑到你当初的热忱，只会以这次失败的结果对你进行评价。如果你认为对上级拜托你的事儿不好拒绝，或者害怕因拒绝会引起领导不高兴而接受下来，那么，此后你的处境就会更艰难。

人并不是万事皆能的全才，每个人都有自己的能力极限。一旦失利，失去的不仅是做成这件事的机会，还有他人对你的信任。

如果你没有很好的声音条件和音乐素质，就最好不要去做歌星的梦；如果你没有很好的身材，就最好不要去做舞蹈家的梦；如果你连简单的句子都写不通顺，就最好不要去做文学家的梦；如果你并不具备出色的运动天赋和身体素质，就最好不要去做奥运冠军的梦。人生的道路千万条，你只能量力而行，才不至于总因目标得不到实现而痛苦不堪。

逞匹夫之勇的人往往是不会拒绝别人的人。拒绝别人的要求确实是件不容易的事，大家都有体会。央求人固然是一件难事，而当别人央求你，你又不得不拒绝的话，也是叫人头痛的。不过，当你经过深思熟虑，明白答应对方的要求将会给你或他带来伤害，那么，就应该拒绝；而不要为了面子问题，做出违心的事来，结果对双方都无好处。

点评

《左传·昭公十五年》说："力能则进，否则退，量力而行。"逞匹夫之勇的害处无非就是费力却不讨好，因此当我们做事的时候一定要量力而行，切不可鲁莽从事。

7. 不该说的话，千万别说

"快人快语"本是对人的一种褒奖，但在人际交往中"快人快语"可就容易得罪人了。一时嘴快说了不该说的话，会让你在人际关系上屡遭挫折。

你到医院探望住院的同事，知道他病情很严重而他自己却不知情，如果你直接把自己知道的情况告诉他，你一定会因为鲁莽而不能被大家原谅；早晨上班遇到熟人，他向你问好，你心里烦恼，便口无遮拦地说："好什么好，真见鬼了。"呛得人不知所措，你一定会被认为是一个不知好歹、没有修养的人。

一个心理成熟、懂得社交技巧的人，应该知道在什么时候该以怎样合适的方式说话办事。实话不一定要直说，而可以幽默地说、婉转地说或者延迟点说、私下交流而不是当众说，等等。同样是说实话，用不同的方式说，效果会有很大的不同。

郝海泉在一家知名外企做事。有一次，项目经理告诉他，要给单位做一个宣传案的策划。经过大家讨论后，郝海泉完全按照项目经理的意思加班加点，并顺利完成策划。但是，当策划案交到单位该项目主管领导那里，他却被狠批一通。

在领导面前，郝海泉说，这方案是他们小组所有人讨论的结果，而且，他们项目经理也非常赞同，这个策划案60％都是项目经理的想法。可没想到领导直接把项目经理叫来，当面对质。主管领导追问项目经理："听说这都是你想的，就这种东西还能叫方案，还值得你们那么多人来集体策划？我看你这个项目经理还是不要当了。"

从主管领导的办公室出来后，他又接着被项目经理狠批了一顿。项目经理告诫他，以后说话前动点脑子，别一五一十把什么都说出去。

可见有些话真不该说，正所谓话到嘴边留三分，揭人短的老实话更是万万不能轻易出口。说了不该说的话，那结果只能是自讨没趣。

于可岚在某国家机关做办公室文员，她性格内向，不太爱说话。可每当就某件事情征求她的意见时，她说出来的话总是很伤人，而且她的话总是在揭别人的"短处"。有一次，同一部门的同事穿了件新衣服，别人都说些"漂亮"、"合适"之类的话。可当人家问于可岚感觉如何时，她便毫不犹豫地回答说："你身材太胖，不适合。这颜色对于你这个年纪的人显得太嫩，根本不合适。"

于可岚这话一出口，原本兴致勃勃的同事顿时表情僵硬了，而周围大赞衣服如何如何好的人也很尴尬。虽然，于可岚说的话就是大家都不愿说的得罪人的"大实话"，而且有时她也很为自己说出的话不招人喜欢而后悔，但她总是忍不住说些让人接受不了的实话，久而久之，她也成为这个办公室的"外人"。同事们把她排除在集体之外，很少就某件事再去征求她的意见。

点评

> 快言快语的人说话常常不经过大脑，不管该说不该说的，总是脱口而出。说出的话如泼出去的水，是永远收不回来的。所以，为避免你的快言快语变成伤害别人的刀子，请谨记三思而后行。

8. 话到嘴边留三分，开玩笑要适度

俗话说："在什么山头唱什么歌。"开玩笑也要看准对象。人们之间可以适当开开玩笑活跃气氛，融洽关系，但开玩笑一定要适度。

玩笑开得恰当、得体、幽默、风趣，会成为人与人之间交往的润滑剂，为周围的人带来欢愉。但许多人因为玩笑开得出格而导致朋友反目，甚至闹出流血、人命事件。可见，开玩笑也要把握尺度，讲究对象和方法。

（1）切忌拿人做笑柄。

俗话说得好，"话说三遍淡如水"，总开重复的玩笑，对方会以为是跟他过不去，心中忌恨，反目成仇。

（2）不要揭他人短处。

将对方生理缺陷、生活污点等鲜为人知的短处当做笑料一一抖出，会严重伤害对方的自尊心。

（3）涉及他人隐私要不得。

开玩笑常常会无意中涉及对方生活、工作上的隐私，如此时恰逢对方的恋人、亲人尤其是上级在场，很容易造成言者无心，听者有意，坏了对方的"好事"。

（4）不能怀着讥讽的心态。

如果开玩笑的出发点是为了贬低对方，指桑骂槐，达到抬高自己的目的，那就大错特错了。

（5）不要捉弄他人。

搞恶作剧，哄骗对方突发不幸、惊奇之事，待水落石出看到对方被捉弄惨相后，幸灾乐祸。

（6）开玩笑不能带着污语说话。

一出口便是一嘴脏话秽语，自以为豪迈，其实不仅自降人格，还惹得对方心中不快，周围听众避而远之。

在生活中，喜欢开玩笑是正常的，但是玩笑过了度，就会把调节气氛的幽默玩笑变成了黑色玩笑。这些过了度的黑色玩笑是不会被人喜欢的。开玩笑过度的人，会被习惯性地认定是"刻薄"的人，容易引起他人反感。

开玩笑还要看好对象。同事之间可能笑过就算了，但是不能开老板的玩笑，老板的尊严是绝对不能冒犯的。

程盈盈是一家公司的外勤人员，是个聪明伶俐的女孩。她脑子灵活，言辞犀利，还有丰富的幽默细胞，无论到哪儿都是颗"开心果"。但如此可爱的程盈盈，却得不到老板的青睐！

程盈盈工作非常努力，有一次她加了一整夜的班，第二天一大清早赶到公司。满身疲惫的她被领导不分青红皂白地批评一通，说她工作不够仔细、状态差等等，任她怎么解释都不行。程盈盈委屈极了，向比较谈得来的老员工请教。对方反问她说："想想你平时有没有在言词上对老板不敬啊？"

这么一问，程盈盈想起来了，自己平时就爱与同事开玩笑，后来看老板斯斯文文，对下属总是笑眯眯的，胆子一大，就开起了老板的玩笑。有一天，老板穿着一身新西装来上班。别人都是微笑着对老板说："您今天真精神啊！"只有程盈盈夸张地大叫："老板，你今天穿新衣服了！不过款式好像是去年流行过的啊！"现在回想起来，当时老板的脸色真是特别难看。

还有一次，程盈盈带着刚刚谈好的客户和协议来找老板签字。看到老板龙飞凤舞的签名，客户连连夸奖老板："您的签名可真气派！"程盈盈听了又是一阵坏笑："能不气派吗？我们老板可是暗地里练了三个月了！况且这是他写得最多的文字。"此言一出，老板和客户都陷入尴尬。

想到这些，一向快言快语的程盈盈再也高兴不起来了。原来这就是她虽然聪明能干，却无法受到重用的原因。

⌒∽ 点评 ∽⌒

朋友、熟人之间适当开开玩笑，可以活跃气氛、融洽关系，增进友谊。但开玩笑一定要适度，要因人、因时、因环境、因内容而定。只要远离过度的玩笑，你就会得到朋友们的喜欢、周围人的欢迎，成为一位传播快乐的使者。

9．得体笑容助你左右逢源

　　得体笑容，它产生于一刹那间，却给人留下永久的记忆；它不需要花费什么，但却创造了许多奇迹；它丰富了那些接受它的人，而又不使给予的人变得贫瘠。

　　当我们面带笑容去办事，你必然会对效果大吃一惊。得体的笑容永远不会使人失望，它只会使你更受欢迎，让你为人处世左右逢源。

　　没有笑容的人在生活中将处处碰壁。没有笑容的人给人以冷漠和高傲的感觉，绝不会有好人缘。

　　杰克森是加拿大一家小有名气的公司总裁，他还十分年轻，并且几乎具备了成功男人应该具备的所有优点。他有明确的人生目标，有不断克服困难、超越自己和别人的毅力与信心；他走路大步流星，工作雷厉风行，办事干脆利索；他的嗓音深沉圆润，讲话切中要害；他总是显得雄心勃勃，富于朝气。他对于生活的认真与投入是有口皆碑的，而且，他对于同事也很真诚，讲求公平对待，与他深交的人都为拥有这样一个好朋友而自豪。

　　但初次见到他的人却对他少有好感，这令熟知他的人大为吃惊。为什么呢？仔细观察后才发现，他深沉严峻的脸上永远是炯炯的目光、紧闭的嘴唇和紧咬的牙关，原来他几乎没有笑容。

　　即便在轻松的社交场合也是如此。他在舞池中优美的舞姿几乎令所有的女士动心，但却很少有人同他跳舞。公司的女员工见了他更是如同山羊见了虎豹，男员工对他的支持与认同也不是很多。而事实上他只是缺少了一样东西，一样足以致命的东西——一副动人的、面带笑容的面孔。

　　得体的笑容能帮助你建立起人与人之间的好感；得体的笑容会让疲倦者得到休息，沮丧者变得兴奋，悲哀者被阳光温暖。所以，假如你要获得

别人的欢迎，就请给人以真诚的笑容吧。

得体的笑容是琼浆、蜜液，它可以带给人们快乐、温馨、鼓励，它可以帮我们创造轻松的气氛；得体的笑容是友好的标志，是融洽的桥梁；得体的笑容可以化干戈为玉帛，协调人与人之间的关系，可以为办事创造快乐的气氛。

得体的笑容还可以帮我们赢得信任。

埃里克斯是底特律地区最受欢迎的节目主持人之一。有的听众写信给这位声音里带着笑容的主持人，说他们已经听到了他主持的节目，并且告诉埃里克斯说，他们透过他的声音看到了他的笑容。

有人问埃里克斯，为什么总是那么高兴。他说他的秘诀是从来不把烦恼摆在脸上，他的工作是娱乐别人。他说："为别人创造一个愉快的生活，这要从笑容开始，但必须是出自内心的笑容。"埃里克斯经常"戴上一张快乐的脸"去工作，他把笑容加进他的声音，配合上帝赋予他的演说天赋，给观众以享受。埃里克斯说："当你带着笑容的时候，别人会更喜欢你，而且，笑容会使你自己也感到快乐。它不会花掉你的任何东西，却可以让你赚到任何股票都得不到的红利。"

所以，你能在你的工作中掺进笑容，用笑容去面对人生，去接受挑战，你会发现笑容可以解决你许多无法解决的问题。

所有的人都希望别人用笑容去迎接他，而不是待之以横眉竖眼，这是一个不变的真理。任何有经验的成功人士都会明白，在办事过程中，那些充满笑容、谦让而豁达的人总能赢得更多的成功；反之，那些板着脸、妄自尊大、高看自己、小看别人的人必然会引起别人的反感，最终使自己走到孤立无援的地步。

❀ 点评 ❀

如果得体的笑容能够真正地伴随着你生命的整个过程，就会使你超越很多自身的局限，获得更多人生真正的意义，使你的生命由始至终生机勃发，辉煌璀璨。用你的笑容去欢迎每一个人，你就会成为办事做事左右逢源的人。

第十一章

迂为直,直言不妨拐弯说

善谏直言,不如委婉巧妙地向对方进行暗示,如此可以巧妙地把自己的目的融入对方的意识,并以此来潜移默化地影响对方的判断,使其不自觉地接受你的意见,或按照你的愿望改变他自己的行为。

1. "当面批评，背后表扬"赢得人心

肖娜的同事搬家，邀请一帮朋友小聚一下，一位平时不是太熟悉的年轻同事举杯到肖娜的面前，要敬肖娜一杯酒。肖娜不知何意，以为只是酒桌上的客气，谁知那个男孩说："肖娜姐，在单位很少有人说我好话，表扬我，有一天有人告诉我你讲我好，我感动极了……所以，我敬你一杯酒。"

肖娜觉得那个男孩其实不错，只是比较"现代"，比较有个性，用时下的流行语表达"很酷"，但是个绝对豪爽、能干的人。也许是在有人批评他时，为他辩解了几句，自己真的不记得是何时的事情，但是能够让他如此感激，还是令肖娜很意外。

记得老人曾经对我们说过：与人相处，背后说人好话，说点别人的优点，会达到很好的效果。也许当时你没有太在意，可是当自己经历了几次这样的事情以后，回头想想，真的很有道理。

很多年以前，金荷娜遇到过一件很难处理的事情，她知道一位并不太熟悉的同事能够解决。出于无奈，金荷娜只好厚着脸皮去求他帮忙，同事二话没有说，就请家人帮忙解决了她的难事。金荷娜心生感激的同时，也感叹同事的仁义。谁知后来一位知道内情的同事告诉金荷娜：帮忙是因为金荷娜在背后说了他的好话。金荷娜听后诧然，庆幸自己在背后说了同事的好话，要不那么困难的事情，自己又如何搞定呢？"当面批评，背后表扬"，别人感激，自己受益，何乐而不为！

都说婆媳关系很难维系，但也有各中高手，能靠着"当面批评，背后表扬"的妙招让婆婆与儿媳妇相处得就像母女一样融洽。

赵悦同婆婆两个人都是急脾气、直性子，而且都属于容易动情的那种人，但她们却在性格互补上找到了一种和谐。

241

赵悦与婆婆两个人都喜欢有什么事，在当时就说清楚，而不是掖着藏着，留待背后再议。"当面批评，背后表扬"，便成了她们婆媳之间的一条潜在的"规则"。婆婆总喜欢在邻居和赵悦的父母面前夸赞她：懂事，孝顺，体贴，细心。似乎，她家的儿媳是最好的。其实，赵悦并没有婆婆说的那么好，只能说这一切都是因为她们有缘，才使得她看着赵悦做的一切都是那么顺眼，那么不可挑剔。而赵悦，也总喜欢在同事朋友们面前念叨婆婆的好。以至于有几个同事都有点吃醋了，说赵悦命好，摊上个好婆婆。

点评

由于不是表扬在当面，这就避免了讨好、虚情假意的嫌疑，显得诚恳、自然。尤其当这种背后表扬通过儿子、亲家、邻居传到对方的耳朵里时，能明显感受到对方发自内心的感动，赢得人心便是轻而易举的了。

2. 隐晦暗示，更入人心

采取隐晦、含蓄的暗示，巧妙地向对方发出某种信息，它是人与人之间相互影响的一种特殊方式。暗示者巧妙地把自己的目的融入对方的意识，并以此来潜移默化地影响对方的判断，使其不自觉地接受自己的意见，或按照自己的愿望改变他自己的行为。

哈士特是从办一份小型报纸一直奋斗到创办二十三家报纸、十二种杂志的著名出版家。

著名漫画家那斯特替他画了一张漫画，但他不太满意因而感到非常失望。哈士特原来和那斯特不很熟悉，这次那斯特恰巧来到本城，哈士特请他帮助促成一个很重要的计划，于是那斯特画了张令人失望的漫画。

哈士特想：必须引导那斯特重画一张满意的才行，可是，怎样才能使著名漫画家重画一张满意的杰作呢？如果重画，这张令人失望的漫画就要作废。但是怎样才能使他不觉得扫兴而重画呢？当晚进餐的时候哈士特对这张漫画大大地称颂了一番，接着便说："这里的电车已经使许多孩子伤亡，有时我看那些开车的简直不是活人，而是死人。在我看来，那些死人好像都在斜视着那些在街上玩耍的小孩子。"于是那斯特惊跳起来，嚷道："天啊！哈士特先生，这可以画一张使人人都同情的出色漫画。你把我先前画的那张作废了吧，我替你重画一张。"于是那斯特非常高兴地在旅馆里辛苦地画了半夜，到第二天果然送来了一张杰作。

俄国著名心理学家巴甫洛夫认为：暗示是人类最简化、最典型的条件反射，但是要把暗示做到深入人心、达到目的也不是一件容易的事。

亚洲金融危机时期，刚刚毕业的王闻鹃，很幸运地在一家高级珠宝店找到了一份销售珠宝的工作。

这天，店里来了一位衣衫褴褛的青年人，只见那人愁眉苦脸，但双眼却紧紧盯着柜台里的那些宝石首饰。

这时，电话铃响了，王闻鹃去接电话，一不小心，碰翻了一个碟子，有六枚宝石戒指落到地上。王闻鹃慌忙拾起其中五枚，但第六枚怎么也找不着。此时，王闻鹃看到那位青年正惶恐地向门口走去。顿时，她意识到那第六枚戒指在哪儿了。当那青年走到门口时，女孩叫住他，说："对不起，先生！"

那青年转过身来，问道："什么事？"

王闻鹃看着他抽搐的脸，一声不吭。

那青年又补问了一句："什么事？"

王闻鹃这才神色黯然地说："先生，这是我的第一份工作。现在找工作很难，是不是？"

那位青年很紧张地看了王闻鹃一眼，抽搐的脸才慢慢浮出一丝笑意，回答说："是的，的确如此。"

王闻鹃说："如果把我换成你，你在这里会干得很不错！"

终于，那位青年退了回来，把手伸给她，说："我可以祝福你吗？"

王闻鹃也立即伸出手来，两只手紧握在一起。女孩仍以十分柔和的声音说："也祝你好运！"

那青年转身离去了。王闻鹃走向柜台，把手中握着的第六枚戒指放回原处。

这原本是一起盗窃案，按照人们一般的处理方法，不外乎大喊大叫，设法抓住偷窃者。而这位王闻鹃却用一番彬彬有礼的言语暗示，达到了使小偷归还偷窃物的目的；那小偷也没有当众出丑，非常体面地改正了自己的错误。试想一下，如果王闻鹃按照常规同样大喊大叫，能有这样的结局吗？绝对不可能。说不定她还会为此受到伤害。

点评

向别人提出请求时，不妨使用一种委婉暗示的方式。"话语软则含义深"，巧妙攻击对方的心灵，使他洞察到你话中的言外之意，他便会欣然同意你的请求。这样说话，于人于己，有利而无害，何乐而不为呢？

ZuoRenYaoHuo ChuShiYaoYuan

3. 直言有分寸，委婉效果好

英国思想家培根就说过："交谈时的含蓄与得体，比口若悬河更可贵。"做人固然要正直、直率，但并不意味着说话都要直言。因为不适当的直言如同反面说话一样，是一种消极和否定的语言暗示，不是使人抵触反感，就是使人顾虑重重，增加心理压力；而恰当得体的委婉说话意味着进行积极的语言暗示，而防止了消极的语言暗示。

如医生给人看病，遇到病情较严重而又诊治不及时的病人，就直言道："你怎么这么瘦哇！脸色也很难看！""你知道你的病已经到了什么地步了吗？""哎呀！你是怎么搞的？你这个病为什么不早点来看哪！"这些说法里所包含的消极暗示会使病人怎么想呢？作为医生这是治病还是致病呢？

相反，若医生说："幸好你及时来看病，只要你按时吃药，多注意休息，放下思想包袱，相信你很快就会好起来的。"这将给病人很大的鼓舞。

所以在言谈中，有驾驭语言能力的人，就会自如地运用多种委婉的表达方式。他们知道，生活中并非处处都能"直"，有时还非得含蓄、委婉些，才能达到最佳的表达效果。

巴西的贝利素称"世界球王"，他在绿茵场上的超凡技艺不仅令万千观众心醉，而且常使场上对手叫绝。他不知踢过多少好球，当他创造进球数满一千记录后，有人问他："你哪个球踢得最好？"贝利笑笑回答："下一个。"

委婉的修辞手法，即在讲话时不直陈本意，而是用委婉之词加以烘托或暗示，让人思而得之；而且越揣摩，似乎含义越深越多，因而也就越有吸引力和感染力。

妻子买了一块布料征求丈夫的意见，丈夫觉得妻子用这块布料做成衣

服穿不太合适。如果丈夫不尊重体贴妻子的心情，就会直露地批评说："你看你的审美观真成问题，一把年纪了还穿这么鲜艳的衣服，岂不成老妖婆了？"这样生硬、贬损的话必定会伤害妻子的自尊心。如果丈夫尊重体谅妻子的心情，就会把否定的意见说得委婉得体，给予暗示："不错，颜色真鲜艳，给女儿做衣服，那是很漂亮的。"

在社会交际中，人们往往会遇到不便直言之事，只好用隐约闪烁之词来暗示。如1972年美国总统尼克松访华，周恩来在一次酒会上说："由于众所周知的原因，中美两国隔绝了二十多年。"真是妙绝。既让人体会到造成这一事实的原因是美国侵略和干涉的结果，又不伤美国客人的面子，听者皆露出会心的微笑。

委婉法是办事说话时的一种"缓冲"方法。委婉语能使本来也许是困难的交往，变得顺利起来，让听者在比较舒坦的氛围中接受信息。因此，有人称"委婉"是办事语言中的"软化"艺术。但是，使用委婉语，必须注意避免晦涩艰深。谈话的目的是要让人听懂，如一味追求奇巧，就会使他人丈二和尚摸不着头脑，甚至造成误解，必然影响表达效果。

你可以选择讳饰式委婉法，是用委婉的词语表示不便直说或使人感到难堪的方法。

例如：有一位外籍旅游者在旅华期间自杀了。为了减少话语的刺激性，经再三推敲，有关部门最后在死亡报告书上回避了"自杀"两字，而用了"从高处自行坠落"这一委婉语。有时，即使动机好，如果语言不加讳饰，也容易招人反感。比如：售票员说："请哪位同志给这位'大肚皮'让个座位。"尽管有人让出了座位，但孕妇却没有坐，"大肚皮"这一称呼，使她难堪。如果这句话换成："为了祖国的下一代，请哪位热心人，给这位'有喜'的女士让个座位。"当有人让出座位时，这位孕妇就会表示对售票员的感谢，并愉快地坐下。

还有一种借用式委婉法，是借用一事物或他事物的特征来代替对事物实质问题直接回答的方法。在纽约国际笔会第48届年会上，有人问中国代表陆文夫："陆先生，您对性怎么看？"陆文夫说："西方朋友接受一盒礼品时，往往当着别人的面就打开来看。而中国人恰恰相反，一般都要等客人离开以后才打开盒子。"

陆文夫用一个生动的借喻，对一个敏感棘手的难题，婉转地表明了自己的观点——中西不同的文化差异也体现在文学作品的民族性上。

以上的例子，实际上是对问者的一种委婉的拒绝，其效果是使问话者不至于尴尬难堪，使交往继续进行。

～～ 点评 ～～

> 委婉说话不仅是一种策略，也是一门艺术。含蓄委婉地说话，正是待人真诚的表现。作为一个现代人，应当有这种文明意识，掌握这一有利于人际交流的语言表达方式。

4. 硬话不妨软说

俗话说：是人抵不过三句好话。看来说话也有它独到的技巧，说得好自有其无穷的语言魅力。形容人有三寸不烂之舌，或者巧舌如簧，都是指的说话，但是都有贬义在里面，甚至说某人死的能说成活的。

有时，人难免因一时糊涂做一些不适当的事。遇到这种情况，就需要把握指责别人的分寸。

这种情况下，如果能适当地说几句软话，化解对方的难堪，既能指出对方的错误，又能保留对方的面子，避免破坏交往的气氛和基础，又可以消除可能带来的严重后果。

何群到上海出差，在街头小货摊上买了几件衣服，付款时发现刚刚还在身上的几百元外汇券不见了。货摊只有他和姑娘两人，明知与姑娘有关，但他没有抓住把柄。如他贸然提及此事，姑娘会翻脸说他诬陷人。

在这种情况下，何群没有和她来"硬"的，而是压低声音，悄悄地说："姑娘，我一下子照顾了你五六十元的生意，你怎么能这样对待我呢？你在这个热闹街道摆摊，一个月收入几百上千，我想你绝对看不上那几张外汇券的。再说，你们做生意的，信誉要紧啊！"

何群见姑娘似有所动，又恳求道："人家托我买东西，好不容易换来一点外汇券，丢了我真没法交待。你就替我仔细找找吧，或许忙乱中混到衣服里去了。我知道，你们个体户还是能体谅人的。"

姑娘终于被说动了，她借坡下驴，在衣服堆里找出了外汇券，不好意思地交给何群。

说"软"话会让对方觉得自己是在吃糖，心里甜甜的。何群的一番至情至理的说辞，不但使钱失而复得，而且还可能挽救了一个几乎沦为小偷的青年。

硬话"软"说的形式有很多种。在很多时候，你要想说服人，说软话要比说硬话效果好得多。然而恳求并不是低三下四地哀求，而是一种"智斗"，是一种心理交锋，通过恳求的语言启发、开导、暗示对方并使对方按你的意思行事。

点评

现实生活中，人们普遍存在着吃软不吃硬的心态。你很有主见，性格刚烈，说不定对方比你更硬。你如果说了"硬"话，比如以命令的口吻，对方不一定会理睬；你如果来"软"的，对方反倒产生同情心，纵使自己为难，也会顺从你的要求。

ZuoRenYaoHuo
ChuShiYaoYuan

5. 提出否定意见，要用转折句

我们每个人都有着自己的一系列的观点和看法，它支撑着我们的自信，是我们思考的结果。迂回地表达反对性意见，可避免直接的冲撞，减少摩擦，使人更愿意考虑你的观点，而不被情绪所左右。

其实，谁都有犯错误的时候，指正别人的错误绝对是一件对人有益的事。但不可否认的是，人多少都会碍于颜面而拒绝接受。这时候，你可以采用先扬后抑的手法，先肯定，再用"但是"一转而指出不足。这样，既保留了对方的面子又达到了目的，事后，接受了你的意见的人还会感谢你呢。

春秋时期，齐景公放荡无度，喜欢玩鸟打猎，并派烛邹来专管看鸟。一天，鸟全都飞跑了，齐景公大怒，要下令斩杀烛邹。这时，大臣晏子闻讯赶到，他看到齐景公正处在气头上，怒不可遏，便请求齐景公允许他在众人之前尽数烛邹的罪状，好让他死个明白，以服众人之心。齐景公答应了。于是，晏子便对着烛邹怒目而视，大声地斥责道："烛邹，你为君王管鸟，却把鸟丢了，这是你第一大罪状；你使君王为了几只鸟而杀人，这是你第二大罪状；你使诸侯听了这件事，责备大王重鸟轻人，这是第三条罪状，以此三罪，你是死有余辜。"

说罢，晏子请求景公把烛邹杀掉。此时，景公早已听明白了其中的意思，转怒为愧，挥手说："不杀！不杀！我已明白你的指教了！"

这个故事就是下级迂回地批评上级，表达反对性意见，并被领导心悦诚服地接受的一个很好的例证。很明显，晏子是反对景公重鸟轻人的，但他看到景公正处于气头上，直谏反而不妙，于是就采取了以退为进、以迂为直的方法来间接地表达自己的意见，使齐景公得以领悟其中的利害关系和是非曲直，达到了既救烛邹之命，又得以说服景公的目的。而且，晏子

也避免了直接触犯景公，给自己引来不必要的麻烦。

卡耐基在《人性的弱点》一书中就提出，每个人都会犯错误的，每个人也都有自尊心，有些问题不必采用直接批评的方法；相反，采用间接的方法来指出问题，有时效果反而会更好。

无论是谁，遭到别人直言不讳的反对，特别是当受到激烈言辞的迎头痛击时，都会产生敌意，导致不快、反感、厌恶甚至愤怒和仇恨。所以，提出否定意见，一定要用转折句。

当领导的，历事颇多，久经世故，应当能够临危而不乱，面对反对意见能沉得住气，不会对提意见的人有过激的反应。的确，许多领导还是有一定心胸的，不会褊狭地受情绪左右，意气用事。但是，其心中的不快却是不能自控的，而且由于领导处于指挥全局的岗位，又加入了权力的因素，所以是很难避免出现愤怒情绪的。

下属过于直接的批评方式，会使领导自尊心受损，大跌脸面。下属的直言不讳，往往会使领导觉得脸上无光，威名扫地，而领导的身份又决定了他非常看重这些东西。因为这种方式使得问题与问题、人与人面对面地站到了一起，除了正视彼此以外，已没有任何回旋余地；而且，这种方式是最容易形成心理上的不安全感和对立情绪的。

解决的方法很简单：提出否定意见可以，但要用转折句。间接的方法很容易使你摆脱其中的各种利害关系，淡化矛盾或转移焦点，从而减少领导对你的敌意。在心绪正常的情况下，理智占了上风，他自然会认真地考虑你的意见，不至于先入为主地将你的意见一一概否定。

❧ 点评 ❧

大家都是很普通的人，都不愿意撕破脸皮。所以当你想说服别人接受你的意见时，不妨通过迂回的办法去表达自己的反对意见，这永远是最奏效的方法。

6. "绕弯子"的说话艺术

说话能掌握好分寸是一种语言艺术。有些人性格外露，从交谈中就可以看出他的五脏六腑，这种人与人相处能以诚相待，使人觉得容易接近；有些人有涵养，说话委婉、含蓄，留有余地，比较注意说话艺术。这两种说话格调虽然各有用得着的地方，但是，一般人还是爱听委婉含蓄的话。

直言直语，伤人又害己，而含蓄的语言则隐含了对别人的尊重，同时也是尊重自己。委婉则往往使用商量企盼的口气，有启发性。委婉含蓄比直截了当说话更需要多动脑筋，它是一种语言修养。

秦汉之际，刘邦率兵攻破函谷关，入咸阳，灭了秦朝。他进入秦朝皇宫，见宫室富丽堂皇，美女珍宝不计其数，于是流连忘返，想留在宫中，享受一下做皇帝的快乐。跟随刘邦出身草莽的樊哙，知此，气冲冲地责问："沛公，你是想得天下，还是想当富家翁？此室中所有，皆秦所以亡天下也，沛公赶快回坝上，千万别留在宫中。"刘邦听了，大为反感，脸上露出不悦之色，不予理睬。

不一会儿，张良也来对刘邦说："只因秦王残暴，不得人心，你才取得了今天的胜利。我们既然为天下除去暴君，理应以俭朴为本。现在刚进咸阳，若又像秦王一样享乐，岂不等于重蹈覆辙？况且，良药苦口利于病，忠言逆耳利于行，希望您能听从樊哙的劝说。"他们终于说服刘邦还军坝上，揭开了楚汉战争的序幕。

张良与樊哙同为劝说刘邦，但因两人说话的方式不同，而效果也大相径庭。刘邦率先破秦入关，正是功成名就、志得意满之时，逆耳忠言是很难听进去的。而出身草莽的樊哙全然没有意识到这些，责备中含着讥讽，令刘邦反感，故而对他的意见置之不理。而张良的批评则从分析秦为何灭亡和刘邦为何得胜入手，然后总结说明贪图享乐的后果，最后再肯定了樊

唵意见的合理性。张良的分析恰到好处地扣住了刘邦的心理状况，强调刘邦所关心的问题，再加上语气委婉动听，虽是批评意见，刘邦也欣然接受。

同样的一张嘴，同样的一个"不"字，有人能利用它来拯救一国之难，也有人因它而遭到杀身之祸，一切都由各人掌握。若因无意的一句话而导致悲剧的发生可就太不划算了！所以说，我们可以直言，但应有分寸，以避免不必要的麻烦产生。

直言不讳刺激性大，容易伤害对方的自尊，得罪人，造成许多矛盾；委婉的话有礼貌，比较得体，听了令人轻松自在，愉快舒畅。"良言一句三冬暖，恶语伤人六月寒"。

在现实社会里，"直言直语"是有这种性格的人的致命伤。同是讲真话，委婉语大概属于"良言"，直言不讳的话虽不一定算是恶语，但在某些人听来很逆耳，跟恶语差不多。我们提倡忠言不可逆耳，理直不可气壮。就是说，"忠言"和"理直"都要注意用恰当的方式表达，不可只图说话痛快。

点评

做人诚实，说真话，这本是正直的表现，但纠正他人缺点也要讲究方法，不能本着"爱之深，责之切"的想法，直言直语的大加妄言，让对方下不了台。如果一定要讲，就要迂回地讲，要知道拐着弯说话，效果才更好，这正是绕弯子的语言艺术，大家不妨都来学学。

7. 使别人有面子地接受拒绝

不管在任何时候，拒绝别人的要求或否定别人的意见，对人们来说，都是一件难为情的事。当别人对自己提出要求时，不好意思张口说"不"，因为这样很可能会伤害对方的感情，造成两人关系的疏远；但是有时如果答应别人的要求自己又确实有难处，或者自己会丧失许多东西。

同时，一个人在提出自己的意见或请求而遭到不讲方式的否定或拒绝时，自尊心往往会驱使人采取以牙还牙的反抗，这种心理反应会极大地阻碍谈判和交流的顺利进行。因此，不管在什么情况下，我们应当尽可能避免这种心理活动的产生。

智者在拒绝对方时会说："是的，我能理解为什么事情会那样，但是……""你的要求并不过分，问题在于……""你没错，假如我站在你的位置上，我也会这样说，但……"；而愚者在拒绝时多会这样说："你的要求太高，我们办不到。""不行，你怎么老是这样？如此下去，我们还怎样合作……""你这样做不对，真笨……"

我们在拒绝别人时应该注意不使他们的面子受损。如果既拒绝了别人的要求，又让他们丢了面子，那么他们心中产生不满之情就是在所难免的了。可是如果在拒绝别人的要求时，不让对方丢面子，使别人非常体面地接受拒绝，结果可能会大不相同。

三国时期的华歆在孙权手下时，名声很大，曹操知道后，便请皇帝下诏招华歆进京。华歆起程的时候，亲朋好友千余人前来相送，赠送了他几百两黄金和礼物。华歆不想接受这些礼物，但他想如果当面谢绝肯定会使朋友们扫兴，伤害朋友之间的感情。于是他便暂时来者不拒，将礼物统统收下来，并在所收的礼物上偷偷记下送礼人的名字，以备原物奉还。

华歆设宴款待众多朋友，酒宴即将结束的时候，华歆站起来对朋友们

说："我本来不想拒绝各位的好意，却没想到收到这么多的礼物。但是，匹夫无罪，怀璧其罪？我单车远行，有这么多贵重之物在身，诸位想想我是否有点太危险了呢？"

朋友们听出了华歆的意思，知道他不想收受礼物，又不好明说，使大家都没面子。他们内心里对华歆油然而生出一种敬意，便各自取回了自己的东西。

人在职场中的道理也是一样的。大家难免遇到品质恶劣的上司，为维护人格的尊严，拒绝上司的无理要求，需要开动脑筋，不可强硬顶撞。

书慧和黎妍同在一个公司工作，她们两个都是漂亮的女孩，书慧性格刚直，黎妍聪明灵巧。她们的经理是一个好色之徒，经常对有些女员工动手动脚。书慧遭到刘经理的骚扰时气愤地说："我不是轻浮的人，请你别这样。"刘经理真的不再对她动手动脚，但不久，书慧便从办公室调到车间工作去了。黎妍对于刘经理的不怀好意是这样说的："我知道您是和我开玩笑，但我才不会相信呢！大家都知道您是个人格高尚的人，我们都很尊重您。"刘经理借坡下驴说："哈哈，我刚才真是跟你开玩笑的，我是想试试你是不是值得信任。现在我放心了。刚才的事，希望你就当做没发生过。同时，你一定要注意，咱们公司有几个心术不正的人，要防止上当啊！"从此以后，黎妍便没再遇到过类似的情况。

❧ 点评 ❧

在自己确有难处，或者如果答应别人的要求自己的利益会损失很大的情况下，我们就应该拒绝别人。但是拒绝别人也要考虑对方的面子，尽量做到不伤害双方的面子地达到拒绝的目的，才是最佳的方案。

8. 让别人乐于接受你的忠告

俗话说："旁观者清，当局者迷。"在现实生活中，人们对自己存在的问题往往觉察不清，需要旁观者去劝导说服。但人们常说"忠言逆耳"。生活中常见这样的情景，本来你是好意给对方提出忠告，对方却往往很不高兴。

这也是没有办法的事情，仅有为别人着想的良好愿望还是远远不够的，忠告也需要技巧。

首先要明确忠告是为了对方，为对方好是根本出发点。因此，要让对方明白你的一番好意，就必须注意自己的语气和态度，一定要语气缓和，态度和善，万不可疏忽大意，随便草率。

其次，不要贬低对方，抬高别人。

忠告的第三个要素，就是不要以事与事、人与人比较的方式提出忠告。因为此时的比较，往往是拿别人的长比对方的短，这样很容易伤害对方的自尊心。

一位母亲这么忠告自己的儿子："我说小勇呀，你看隔壁家的强强多有礼貌，多乖啊！你和他同年生，还比他大两个月哩。你要好好向他学习，做个好孩子哟!"

儿子可能会说："哼，嘴里整天是强强这也好那也好，干脆让他做你的亲生儿子算了!"

儿子的自尊心受到伤害，母亲的忠告效果是适得其反的。

此外，讲话时要注意态度。态度一定要谦和诚恳，用语不能激烈，也不必过于委婉，否则对方就会觉得你在教训他，而产生反感情绪。

还有，选择适当的时机。例如，当部下尽了最大努力而事情最终没有办法时，此时最好不要向他们提出忠告。如果你这时不适时宜地说"如果

不那样就不至这么糟了"之类的话，即使你指出了问题的要害且很在理，而部下心里却会顿生"你只顾干活不管我的死活"的反感，效果当然就不会好了。

最后，在什么场合提出忠告也很重要。原则上讲，提出忠告时，最好以一对一，避开耳目，千万不要当着他人的面向对方提出忠告。因为如果这样做，对方就会受自尊心驱使而产生抵触情绪。

～◇ 点评 ◇～

> 无论对象是谁，向人提出忠告总是最费力不讨好的事情，但问题出现了又不能不理。这时候就需要你把握分寸、找找方法了。如何能让人乐于接受你的忠告？做到如此，你一定就会是一个为人办事左右逢源的人了。

9. 曲径通幽显机智，说话绕弯有高招

说话要有绕弯子的艺术。有时，一些话自己说出来显得尴尬，而诱导对方先开口无疑是上上之策。

清朝石天成编的《笑得好》中有一个很有参考价值的故事《锯酒杯》：

一人赴宴，主人斟酒，每次只斟半杯。此人忽问主人："尊府若有锯子，请借我一用。"主人问何用，此人指着酒杯说："此杯上半截既然盛不得酒，要它何用？锯去岂不更好！"此建议耸人听闻，很明显不可实现，但能将不满以玩笑的形式表达出来，使彼此心领神会，比完全由批评产生的心理"阻抗"要小得多，人际摩擦亦小得多。此法用来表达愿望，会避免可能引起的尴尬。有时要表达的愿望虽无难言之处，但仍然以曲折暗示为最佳。

同书还有一个故事说有家人请客，所有的人都有了筷子，就是疏忽了一个人，忘了给他筷子。如果这个人说一声，问题也就解决了。但这样没有什么趣味，不能营造一种热闹的气氛。这位客人先以一种耸人听闻的方法引起各方注意，然后以一种荒诞的效果显示于众人之前：在人家举筷进食时，他突然站起来向主人要清水一碗，主人问他何用，答曰："洗净了手指好抓菜吃。"

这当然是不可能的，主人也自然马上明白了他的意思，但更主要的还是造成了一种幽默效果，给主客带来了欢乐。

另外，有些时候因为特定环境不容许你直接讲真话，这时候你如果能绕个弯子说也照样能达到目的。

美国总统罗斯福在就任总统之前，曾在海军部担任要职。有一次，他的一位好朋友向他打听海军在加勒比海一个小岛上建立潜艇基地的计划。罗斯福神秘地向四周看了看，压低声音问道："你能保密吗？""当然能。"

"那么，"罗斯福微笑地看着他，"我也能。"他的朋友明白了罗斯福的意思，不再打听了。

罗斯福采用的也是绕弯子的说法。不过这种绕弯子已不再是双关语了。

绕弯子多数属于幽默类，因此说出话来既逗笑了别人，又在欢乐之中解决了自己的问题。

建斌准备借助于好友卫国的路子做笔生意，在他将一笔巨款交给卫国的第二天，卫国暴病身亡。建斌立即陷入了两难境地：若开口追款，太刺激卫国的未亡人；不提此事，自己的局面很难支撑。

帮忙料理完后事，建斌是这样对卫国的夫人说的："真没想到李哥走得这么早，我们的合作才开始呢。这样吧嫂子，李哥的那些关系户你也认识，你就出面把这笔生意继续做下去吧！需要我跑腿的时候尽管说，吃苦花力气的事情我不怕。"

这样一来卫国的妻子反过来安慰他道："这次出事让你生意上受损失了，我也没法干下去，你还是把钱拿回去再找机会吧。"

这样一来，丝毫没有追款的意思，还豪气冲天，义气感人。其实他明知卫国的妻子没有能力也没有心思干下去，于是话中又加上巧妙的提醒：我只能跑腿花力气，却不熟悉那些门路。

说话办事中，针对某些人也可以故意避开面对面的交锋，完全在不露声色中进行说服，这样能使说服对象通过自己的体会、推理及联想，自觉地体会出说者的用意，从而达到教育人的目的。

点评

说话绕弯自是说话办事的一大高招。用这种办法，一方面能够免去不必要的争执和尴尬，另一方面对于保密和自保也都有一定好处。

第十二章

打太极,以柔克刚获大利

提起"柔"字,人们便会联想到太极拳。以静制动,以柔克刚,后发制人就是太极拳武学原理。把这个观点运用到为人处世方面,就是"以柔克刚"。只要能把"以柔克刚"运用好,就可以四两拨千斤,轻松获大利。

1. 感情是每个人的软肋

常言道："受人滴水之恩当涌泉相报。"人与人之间的感情在我们的生命中有着重要的位置，它甚至能够改变我们的人生轨迹。

而投资感情其实是一件很简单的事。多数人对小事是不太在意的，甚至不屑一顾。事实上，如果你在小事上关怀别人，那对当事人来说，意义就很不一般。因为不仅是患难见真情，在日常琐事上，一样可以看出你对人的态度是友善还是冷漠，也更能获得别人的认同和感激。

有一对老夫妇在一个风雨交加的晚上来到一家旅馆，却被一位年轻的服务生告之客房已经满了。老先生无奈地告诉服务生："我们是从外地来的游客，人生地不熟，又在这样的雨天，真不知道该怎么办？"现在是旅游旺季，即使在附近其他旅馆订到客房，也十分不易。年轻的服务生不忍心让两位老人重新回到雨中去，就说："如果你们不嫌弃的话，可以住在我的房间里。""这太打扰你了！""我要在这里工作到明天早晨，请放心，你们不会给我造成任何不便。"服务生边说，边将酒店的值日表指给老人看，证明自己确需加班，以打消他们的顾虑。老夫妇高兴地答应了。

第二天早上，他们想给服务生付房费，服务生婉言谢绝。老先生感叹道："你这样的职员是任何老板都梦寐以求的，我将来也许会为你建一座旅馆。"服务生笑了笑，他以为这只是一个玩笑。过了几年，服务生忽然收到那位老先生的来信，邀请他到曼哈顿，并附上了往返机票。到了曼哈顿，老先生将他带到一幢豪华的建筑物前面，说："这就是我专门为你建造的饭店。"许多年过去了，这家饭店发展成为今日美国著名的渥道夫·爱斯特莉亚饭店。那个年轻的服务生就是该饭店的第一任总经理乔治·伯特。

乔治·伯特的幸运不是偶然的，完全是因为他对陌生人的热情帮助，赢得了他们的信任，这就是人与人之间最质朴的感情。乔治·伯特找到了感情这根所有人的软肋，从而以小搏大，收获成功。

在我们的生活中，不是每个人都有碰到大事的机会，更多的人只是在平凡的小事中度过了一生。所以，如果你保持了对别人的兴趣，处处从小事上体现对他人的关怀，就会赢得别人的信任。你在一些不经意的小事上展示你的诚意，别人会在惊喜之余，获得一份感动。

罗斯福是深受美国人民敬仰的总统。他之所以如此被他的人民所热爱，就是因为他能够真诚地对待每一个人，即使在一些琐事上也不例外。

安德烈曾是罗斯福的贴身男仆，他和他的妻子住在一栋小房子里，离罗斯福总统的住处很近。由于他的妻子一生都没离开过华盛顿，没机会到野外去看野禽，所以，她很好奇地问罗斯福野鸭是什么样的。于是，罗斯福总统耐心地向她描述野鸭的模样和习性。

第二天早晨，罗斯福总统打电话给安德烈的妻子，告诉她，他们房子外面的大片草地上就有一只野鸭。安德烈的妻子推开窗户，看见了对面房屋窗户里罗斯福微笑的面庞。

安德烈夫妇因为这一件小事对罗斯福感激不尽，安德烈从此对罗斯福更是敬佩有加，尽心尽力地照顾罗斯福的生活起居。

还有一次，卸任的老罗斯福拜访白宫，但出人意料的是，他并没有去客厅和接待室，而是去厨房转了一圈。他非常和蔼地和每个人打招呼，就像多年不见的老朋友一样："嗨，桃瑞斯，你看起来精神棒极了！""杰克，胃口还好吗？还是和以前一样爱喝酒吗，什么时候我们喝一杯？"

他的行为感动了所有人，在白宫服务了 30 年的厨师史密斯热泪盈眶："罗斯福总统是那样地热情，那样地关心人，这怎能不让人感动呢？"像这样从来不吝啬在小事上关怀别人的人，一定会得到大家的爱戴，不管他是总统还是小人物。

~点评~

　　要想赢得别人的感情，就要在平时的琐事上多给别人帮助，不要期待等到大事发生才去显现自己的关怀。就是因为人与人之间有感情存在，当你有困难的时候，别人才会伸手援助。感情是每个人的软肋，只有感情才更容易拉近彼此的距离。

2. 当众主动拥抱你的对手

拥抱你的对手，在公开场合夸奖对手的长处，这是气度，是胸襟！你看竞技场上的对手，竞技之前拥抱，竞技之后再次拥抱；你看古今中外的政坛风云人物，即便对自己的政敌恨得牙根痒痒，恨不得把政敌嚼碎吞下，却也能面带微笑与之握手。

"当众拥抱你的对手"，是件很难做的事，因为绝大部分人看到"敌人"都会有灭之而后快的冲动；若环境不允许或没有能力消灭对方，至少也会保持一种冷淡的态度，或说说让对方不舒服的嘲讽话，可见要当众拥抱对手是多么难！

一间小杂货店对面新开了一家大型的连锁商店，这家商店即将挤垮杂货店的生意。杂货店的老板忧愁地找牧师诉苦。牧师建议他："每天早上站在商店门前祈祷你的商店生意兴隆，然后转过身去，也同样地祈祷那家连锁商店，也就是当众拥抱你的对手。"

一段日子后，正如这人当初所担心的，他的商店关门了，但他却被聘为了那家连锁店的经理人，而且收入比以前更好。

能当众拥抱对手的人是站在主动的地位，采取主动的人是"制人而不受制于人"。你采取主动，不只迷惑了对方，使对方搞不清你对他的态度；也是迷惑第三者，搞不清楚你和对方到底是敌是友，甚至都有误认你们已"化敌为友"的可能。

如果你在心里说："我绝不会当众拥抱对手，那会显得我没有骨气。"那么好吧，你就等着吃亏吧！要知道你的主动，除了可以在某种程度之内降低对方对你的敌意之外，也可避免恶化你对对方的敌意。换句话说，为敌为友之间，留下了条灰色地带，免得敌意鲜明，反而阻挡了自己的去路与退路。地球是圆的，天涯无处不相逢。

此外，你的拥抱动作，也将使对方失去再对你攻击的立场。若他不理你的拥抱而依旧攻击你，那么他必招致他人的谴责。

而最重要的是，当众拥抱对手这个动作一旦做了出来，久了会成为习惯，让你和人相处时，能容天下人、天下物，出入无碍，进退自如，这正是成就大事业的本钱。

当你认为自己有了对手的时候，就会让自己时刻记得这个人，甚至吃不好，睡不香，所以说真正的对手就是你自己。

事实上，要当众拥抱你的对手，并不如想象中那么难，自己的想法是最关键的。只要能克服心理障碍，就没有什么做不到的，至少可以在思想上拥抱我们的对手。

或者你也可以这么做：在肢体上拥抱你的对手，例如拥抱、握手；在言语上拥抱你的对手，例如公开称赞对方、关心对方，表示你的"诚恳"。但切忌过火，否则会造成反效果。

为什么拥抱你的对手要强调"当众"呢？做给别人看！如果私下拥抱，那不是双方言归于好，就是你向对方投降。"当众"拥抱，表面上不把对方当"敌人"，但心底怎么想，谁会知道呢？

〰️ 点评 〰️

> 拥抱你的对手，拥抱你自己。其实，每个人最大的对手不是别人，而是自己。要允许自己有缺陷，还要包容别人的不完美。每个人最大的快乐不是战胜对手，而是拥抱他，然后化敌为友。

3. 话要说"软"，事要办"硬"

俗话说：是人抵不过三句好话。看来说话也有它独到的技巧，说得好自有其无穷的语言魅力。

说软话，办硬事。说软话，指的是一种语言修养，也是一种做人的心态，说话和蔼可亲，不张扬，不张狂；办硬事，指的是有主见、有原则，该办的事儿锲而不舍，想尽办法，虽九死其犹未悔。

很多时候，事情的成功就在于语言的艺术。我总在观察：官场上或商场上的成功者多是说话谦虚，话说得让人很容易接受的人；而那些失败者多是有好话没好说，语气、语调盛气凌人、刁蛮张狂，给人以讨厌与他接触的感觉。

说软话好像与我们历来歌颂和提倡的忠厚老实、诚恳真实，怎么想就怎么说的道德习俗不一致。但是，我们不得不注意到，随着经济的多样性发展和人际交往的频繁，重视人与人之间的交流包括运用语言的技巧已成为一门必修课。

其实，说话离不开办事，办事也离不开说话。即使这样，我们一定也注意到，说到不一定做到，做到也不一定说到。那么，抛开有意的甚至品行不端造成的欺骗以外，我们说，说话和办事有什么区别呢？我们又应该怎样认识这个问题呢？

谁都愿意与谦和者共事。你与周围的人有了良好的沟通基础，遇上不讲理的事你就软话好好说，当然原则不能变。软话为你最后胜利的"硬事"赢得了公众的理解与支持，那你就成功了一半。

我们相信任何成功都不是"说硬话"说出来的，或者是"办软事儿"办出来的。说硬话办软事儿的人，必将是浅薄而终无大出息的，是终究"硬"不起来的；而说软话办硬事儿的人则是东北话说的"上等人儿"，软

话赢得八方，硬事儿功成名就。

说软话，有很多类型，但是无外乎尊彼卑己，谦虚谨慎。说硬话，而办硬事，可褒可贬。抛去欺侮别人、有辱道德和社会伦理的坏事以外，今天世人把它主要理解为坚持原则、实事求是和认真负责。

人与人相处不会是一面之缘，世界很大，但是有时也很小，今天河东明天河西，已经用不了三十年了。那么，我们知道坚持原则，公平公正，即使今天惹的别人不高兴，但是从长远来看，是可以获得别人信任的。我们知道全社会都在呼吁诚信，而这个诚信又是从哪里来呢？就是处事有原则，人人自律。

这个硬事虽然有这样的好处，但是真的不好办成，为什么呢？道理很简单，它必须以牺牲某些人暂时的利益为条件，而在这样的沟通中，人与人的尊严是很关键的。我们都说，人心不过是肉长的，其实也就是告诉你，人的弱点和可爱之处就在于需要互相尊重。那么我们为什么不主动和别人好好沟通呢？

可能有这样一种声音：人难道真有这么高的觉悟吗？如果，自己心里不舒服，却说软话，岂不是虚伪的？这种说法是很幼稚的，在我们内心每天涌动的东西中，我们需要随时作出选择，而说话影响最大的还是自己，那种反馈给自己的谦虚美好和谐，是任何事都代替不了的。

◦•⟨ 点评 ⟩•◦

说软话办硬事，大家可以认为是生活的技巧，甚至可以当做处理人与人之间复杂关系的一种途径。只要你运用得当，就一定会与对方获得内容上的共鸣和互动。

4. 施与小恩惠，回报大实惠

小恩小惠是坚持财聚人散、财散人聚的观点，从人情、人性的基础出发，对待客户、生意伙伴从生活、学习、工作、家庭等方面予以关怀。但需要指出的是，这种关怀只是适可而止。小恩小惠只能是作为一种手段，而不是搞慈善。利用人们无功不受禄、无劳不受惠的心理，给别人施些小恩小惠，对方一定会对你感激不尽，进而使你轻松地达到目的，收获大大的实惠。

实际上，平时的小恩小惠，花不了多少钱，主要看你是否有心。

一家公司的董事长张秀丽就是一个懂得用小恩小惠来拉拢人心的一个管理者。她公司有一个司机，经常性胃痛。张秀丽知道之后，就嘱咐他多注意饮食。而每次公司让他出车时，张秀丽都要他带上一包饼干，怕他半路上因饿而又把胃病给激发了。

张秀丽在公司，总是笑脸迎人。偶尔看到职员手头紧、吃得差，还要"骂"他们几句，并且会自掏腰包让他们出去吃点好的。由于公司午餐大家不太爱吃，所以，她干脆专门派个人去饭店里点菜，带回来，大家一起在会议室里聚餐。遇到因为忙于发货而耽误了吃饭时，张秀丽都会请他们客，额外还给他们一些补贴。张秀丽的这种小恩小惠让公司的氛围非常融洽，公司的效益也是节节升高。职员见了张秀丽都亲切地喊她张大姐。

有时候，也就是多说几句好话或者客气话的问题。可如果平时不花精力去做这些事，那么，到了紧要关头时，你就只得出远远高出小恩小惠数百倍的"高额悬赏"才能激励他们了。因此，即使从经济上来说，小恩小惠也是划得来的；而且即使在公司管理内部，这种方式也相当有效。

江瑞娜是某小企业的总经理，该公司长期承包那些大建筑公司的工程。所以，江瑞娜经常对这些公司的重要人物拉拢关系，但她的更高明之处在于，她

不仅奉承公司要人，对年轻的职员也殷勤款待，经常施与小恩小惠。

在平时，江瑞娜总是想方设法将那些大公司中各员工的各种情况作一个全面的了解。当她发现公司里有个人大有可为，以后会成为该公司的要员时，不管他有多年轻，都尽心款待。因为她明白，十个欠她人情债的人当中，有九个会给她带来意想不到的收益。她现在是在为以后更大的利益作很划算的投资。

所以，当年轻职员李建平升为科长时，她就专门找了个时间前去祝贺，并赠送礼物。等李建平下班之后，她还盛情邀请李建平到高级餐馆用餐。李建平自然对江瑞娜的招待很感动。他认为，自己从未给过这位总经理任何好处，并且现在也没有掌握重大交易决策权，可见这位总经理是真的爱惜人才，是个好人！

更为高明的是，江总经理却说："我们的企业能有今日，完全是靠贵公司的帮助，而你作为贵公司的优秀的职员，我向你表示谢意，是应当的。"总经理的这番话，又给对方减轻了心理负担。

果然，没过多久，李建平凭借自己的实力，登上了这家大公司的经理职位。自然，江瑞娜的小恩小惠就起了作用了。在生意竞争十分激烈的时期，许多承包商倒闭了，而江瑞娜公司由于李建平的大力支持和帮助，仍旧生意兴隆。

可见，平时的小恩小惠对自己的实际意义是多么的重大。因为平时的恩惠，会让别人觉得你平时就是这样，而不是做作，故意拉拢人心之举。如果你平时不注意对别人小施恩惠，只在关键时候拉拢别人，别人会不屑一顾。

正因为小恩小惠有如此功效，因此，有些公司便利用这一点，在生意还未开始做的时候，先请客人吃顿饭，或者先送一点小礼品给客户，以提高买卖成交率。而这样做的效果也是非常明显的。

点评

在与人交往的时候，并不是只有那些倾囊相助的义举才能让人对你产生信任和感激。平时的小恩小惠更能拢住别人的心，让他心甘情愿地为你付出。

5. 借鸡生蛋赚大钱

有一种动物叫寄居蟹，它没有自己的巢，是靠寄居在贝壳下生存的。而且它还要随着自己身体状况的不同，比如长大了、抱卵时等，而不断地去寻找更适合自己的"家"。

利用别人的影响力，来经营自己，这是聪明人的做法。在现代社会中，经济迅速发展，各行业各部门之间既存在激烈的竞争，又有千丝万缕的联系。在这样的情况下，单靠一个人的能力是很难取得事业的成功的。因此，可以借用别人的力量，取得自己事业的成功。

在《三国演义》里，我们都知道《草船借箭》的故事。诸葛亮凭借大雾，用草船向曹军借了10万支箭。对于如今那些缺乏资金，却又有志于开创事业的人来说，这方法仍然可产生奇效。正所谓借别人的"鸡"，生自己的"蛋"。

王海琼决定在"宜家"旁边开一家经营家居装饰用品的小店。这是经过认真分析的，因为到"宜家"去的人大多数是为了买家具和家居用品，他们也正是小店所需要的顾客。把这样的店开在"宜家"旁边，就可以不用花大力气招揽顾客，既可以在很大程度上节省宣传推广费用，又能很快地拥有自己的顾客，真的是两全其美的方法。

王海琼在选择经营的商品种类下了大工夫，如果要与"宜家"经营同类的商品，一定要扬长避短，发挥自己的优势，比如靠低价取胜，以独特性见长，或在一些小配件上多做文章。

由于人们对天然材料的商品比较偏爱，王海琼就选择清一色的草柳编制品，受到了消费者的欢迎。后来她又增加了绢花、花瓶等，很快她的生意就火了起来。

聪明的王海琼不仅在产品的选择上精挑细选，而且在营业时间上，也

根据"宜家"的时间调整："宜家"的营业时间是从上午十点开到晚上九点，而王海琼则从早上九点半开门，一直营业到晚上九点半。如此一来，就最大可能地保证了她的顾客群。

"借别人的鸡，生自己的蛋"，借助别人的优势，在它的"势力范围"开个与它相关的、内容有所差别的小店，这样，就能争取到大店的客户群，但又不和它直接竞争，生意自然不会差。

在"借鸡生蛋"方面，美国商界大亨丹尼尔·洛维格就是一个成功的范例。

丹尼尔·洛维格在 9 岁时，很偶然地知道邻居想放弃那艘沉在水底的柴油机帆船，他觉得可以从中赚点外快。他向父亲借了 50 美元，他用其中的一部分钱雇人把船捞上来，又用一部分钱将船从邻居那里买下，又用剩下的钱请人把船修理好，最后他将这只修好的船以 100 美元卖了出去。他把借父亲的 50 美金还了之后，净赚 50 美金。

洛维格认为，对于一个身无分文的人来说，要想拥有资本就得借贷，用别人的钱来做自己的事情，让它为自己带来更多的资本。

这一次借钱生钱的经历，丹尼尔·洛维格一直牢牢记在心里。但他真正懂得借钱的价值，并创造性地借钱生利，还是在他年近 40 岁的时候。那时候，他想买一艘货轮，然后把它改装成油轮，因为运油比运其他货物更赚钱。可是，当时他几乎一无所有，找了几家银行，银行职员看看他磨破的衣领，都毫不犹豫地拒绝了。

就在绝望之际，丹尼尔·洛维格终于想到了一个好办法。他有一条还能航行的老油轮，他把它重新修理并精心"打扮"了一番，以低廉的价格租给一家大石油公司。然后，他带着租约合同去找纽约大通银行，说他有一艘被大石油公司包租的油轮，如果银行肯贷款给他，他可以让石油公司把每月的租金直接转给银行。

有了这个条件，大通银行就直接把款贷给了他。拿到钱后，他立即购买了早已物色好的一条老货轮，迅速把它改装成油轮，并立即包租出去。接着，他采取同样的方式，如此循环往复，像滚雪球似的，很多的油轮被他买下，然后又被他租出去。等到贷款还清，整艘油轮就属于他了。随着一笔笔贷款逐渐还清，油轮的租金不再用来抵付给银行，而成了他的私人财产。

　　靠自己的实力来取得成功，固然可敬，但单靠一己之力就能做成大事的年代已经过去了，现在的社会需要合作才可以成就辉煌。真正的聪明人可以依靠别人的力量来扩大自己的势力，这甚至已经成了一种趋势。在条件不具备的情况下，不妨可以用"借鸡生蛋"的方法，借别人的钱，做自己的事业，来加快自己的成功步伐。

∽◎ **点评** ◎∽

　　作为一个想成大事者，还是应了解"借鸡生蛋"的具体方式、操作技巧以及其中的一些原则，尽量规避不必要的风险。只要认真掌握其技巧，自然就可解除资金上的后顾之忧，在商海之中，纵横捭阖，成就一番大事了。

做人要活处世要圆

ZuoRenYaoHuo
ChuShiYaoYuan

6. 慰藉失败者，收获真朋友

失败和成功，同属人生的部分，就像峡谷和高山同属地球的一部分一样。经常会有人在失败面前意志消沉、自暴自弃，有的甚至悲观厌世，走上绝路，可见失败对人的打击有多大。

如果在一个人失败的时候，你能及时地给予慰藉，帮助他走出阴霾，事后他必定对你感激不尽，视为知己。这时，如果你遇到困难或者有什么是他能提携你的，他一定乐于帮忙，而且不求答谢。

阿弗来特是英国著名的试飞驾驶员，他在空中表演的特技，令人叹为观止。一次，他表演完毕准备飞回大不列颠岛时，在距地面90多米高的空中，有两个引擎同时失灵。幸亏他反应灵敏，技术高超，飞机才奇迹般地着陆。阿弗来特紧急着陆之后，第一件事就是检查飞机用油。正如他所预料的，他驾驶的那架螺旋桨飞机，装的却是喷气机用油。

阿弗来特立即招来那位负责保养的机械工。年轻的机械工早已痛苦不堪，一见阿弗来特，更吓得直哭。因为他的过失险些送了3个人的性命。这时，阿弗来特并没有像大家预料的那样大发雷霆，他只是伸出手抱住维修工的肩膀，信心十足地说："为了证明你能干得好，我想请你明天帮我的F—51飞机做维修工作。"

从此，那位马马虎虎的维修工在为阿弗来特工作的时候兢兢业业，一丝不苟，阿弗来特的飞机再也没有出过差错。阿弗来特仅仅是在这位维修工失败时说了一句宽慰的话，给了他一次证明自己的机会，但阿弗来特却由此收获了一位他最可以信赖的好帮手。

当人遇到打击，暂时失败时，挫折感使他需要从别人那里获得理解和慰藉。而你在这时给予他真诚的理解和慰藉，就可以使他起死回生。当摆脱窘境后，他怎么会不感激你呢？

日本有一位国会议员，因没有成功地推进国防建设而在竞选中惨败。落选后，议员心烦意乱，但是一位素不相识的人给他留下了终生难忘的印象。

那人充满信心地望着落选议员的眼睛，快快活活地对他说："要忍耐，先生，看下一回。"然后转身离去。这位议员事后说："不知怎么回事，我总觉得这位不速之客的那句话是道阳光。他分明告诉我，他相信我一有机会就会再干，而且会干得更好。"下一回这位议员果然当选了。

他当选后说："我第一个要感谢的就是那位信心十足地望着我的眼睛、快快活活地对我说下一回的先生。"后来议员多方寻找，终于找到了那个人，并让他成为自己的助手。就这样，那位先生只因为一句鼓励的话，而从此平步青云，登上政治舞台。

安慰失败的人，要真正能给他留下深刻的印象，并在他身上产生实际的慰藉，就一定需要有对他人最深的理解、最大的同情和最坚定的信任。只有这样，才能收获最真挚的情谊和最理想的报答。

那么，要如何给予失败者慰藉，帮助他走出失败呢？

首先，帮助他正确认识失败。

正确地认识失败，并不是一件容易的事情。当自己处在旁观者的地位，看到别人遭遇失败时，或许有时还能作出一些较为正确的分析；而当失败降临到自己的头上时，要能有正确而清醒的认识则就很不容易了。在失败情境中许多不理智的反应，不正确的行动，都是与缺乏对失败的正确认识有关的。因此，我们就应当有正确的失败观。

其次，认识到失败的两重性。

失败会给人以打击，带来损失和痛苦；但也能使人奋起、成熟，从中得到锻炼。失败既有消极的一面，也有积极的一面。化学家汉弗莱·戴维在分解钾、钠等碱金属的时候，经过几个月紧张危险的实验，在最后一次实验中，发生了意外爆炸。他的脸被炸伤，左眼也失明了，但却获得了最后的成功。后来他说："感谢上帝没有把我造成一个灵巧的工匠，我的最重要的发现是由失败给我的启发。"戴维是从失败之树上摘取了胜利之果，伴随着不断的失败，他得到了成功。

生活中的失败和磨难，并不都是坏事。平静、安逸、舒适的生活，往

往使人安于现状，耽于享受；而失败和磨难，却能使人受到磨炼和考验，变得坚强起来。"自古雄才多磨难，从来纨绔少伟男"，道理大概就在这里吧。

最后，不要盯住失败不放。

不要盯住失败不放，并不是主张有了失败和坎坷，可以完全不去看它，采取逃避的态度；而是说，一方面，情感不要长久地停留在痛苦的事情上，另一方面，我们的理智应当多在失败和坎坷上寻找突破口，力争克服它，解决它。

——❦ 点评 ❦——

办事圆融通达的人，深深懂得处于失败中的人的心理，往往能在别人出现过失时，善解人意、自我克制，出人意料地说出宽慰别人的话，使有过失的人恢复自信和自尊，同时也为自己收获一位忠实的朋友。

7. 由被动变主动，把冷板凳坐热

　　一个人的一生中，会面临许多机遇和困难，当遇到困难时，每个人的解决方式会不一样。对于一个人来说，即使你能力再强、机遇再好，也不可能保证一辈子一帆风顺。如果你是为人作嫁，你就有可能坐上他人的冷板凳。在当今的社会里，特别是身处领导岗位的人们，要学会"把冷板凳坐热"，经得起磨难，能忍是很重要的。

　　陈子钧是一名公司职员，他刚进公司的时候很受老板赏识，但不知怎么回事，渐渐地他感到自己好像被老板"冷藏"起来了。陈子钧也不知道自己到底犯了什么错误。整整一年，老板不召见他，也不给他分配重要的工作。他只好忍气吞声地待着。就这样过了一年，老板终于又召见他，并且提升了他，给他加了薪！同事们都很佩服他，说他把冷板凳给坐热了。

　　"把冷板凳坐热"道出了"忍"的真谛。当自己面对困境和不得志时，一定要有把冷板凳坐热的超常忍耐力，蓄积能量，决不能自暴自弃。

　　耿仲明是单位的一名主管，他因工作原因与领导发生了冲突。一时性起，耿仲明提出下岗，使自己精神和收入上都受到损失。相反，耿仲明的另一位同事马铭，在前任领导面前很受宠，新领导来了，对他不理不睬，也不信任他，可他不在意，努力地做好自己的本职工作，结果终于让领导对他另眼相看了，坐热了冷板凳，受到重用。

　　其实，坐冷板凳的原因还有很多，问题是有些人一坐上冷板凳后，不去仔细思考其中的原因何在，只知道整日抱怨、意志消沉，长此下去，反倒害了自己。

　　在篮球赛场上，除了5名运动员在场上以外，还有场下的10名替补运动员，这就是常说的"板凳球员"。在一场比赛之中，"板凳球员"有的能上场打几分钟或十几分钟，有的连上场的机会都没有。但是这些坐冷板凳的球员，在很大程度上能决定一个球队到底走多远，这就是所谓的"板凳深度"。

　　美国NBA最近引人注目的板凳球员，就是火箭队曾经的老大，弗朗西斯！当年他驰骋球场，完美的中投，犀利的突破，令无数球迷为之疯狂。但是现在

只能坐冷板凳，他心情是怎样的？这应该是每一个人都能想到的。

火箭队既然又把他签收回来，肯定说明他是有价值的。他能否把冷板凳坐热，关键是他在比赛中的表现，他能否做得很好，他的球迷拭目以待。

所以说，与其坐在冷板凳上自怨自艾、疑神疑鬼，还不如调整好自己的心态，用行动向他人证明自己，用耐心好好把冷板凳坐热。

首先，提高自身的能力。

当你得不到重用时，正好可以利用这一时机广泛收集各种信息，吸收各种知识，以此增强自己的实力。一旦时运到来，你便可跳跃得更高，显得更加耀眼！在你坐冷板凳期间，别人也许正在观察你。如果你自暴自弃，恐怕要坐到屁股结冰了你也难以翻身。

其次，学会克制与忍耐。

一个人要有韧性，也要有忍劲。能忍受闲气，忍受他人的嘲弄，忍受寂寞，不甘沮丧，忍受黎明前的黑暗，忍受虎落平阳被犬欺……你在忍给自己看，同时也是忍给别人看！

再次，建立一种良好的人际关系。

很多人都有一种落井下石的劣性，当你坐上冷板凳后，你的朋友可能同情你，想办法帮你；但那些平时对你不满之人这时可能要高兴了，他们巴不得你永远站不起来！所以当你身处不利时，要学会以一种谦卑的态度广结良缘。切莫提当年之勇，那对你已经没有意义，而且"当年之勇"也会使你更加感到自己"怀才不遇"，只能徒增自己的苦闷而已！

最后，更加敬业，一刻也不要疏忽。

尽管你坐上冷板凳后平时所做的事可能微不足道，但也要一丝不苟地做下去！别忘了，很多人都在冷眼旁观，给你打分。如果你做得很好，他们也无话可说了。

如果能做到以上几点，相信你一定会把冷板凳坐热。

点评

> 不管你因为什么原因坐上冷板凳，都不要抱怨，正可以借此机会好好训练你的耐性，磨炼你的心志。当你坚持把冷板凳坐热后，自然会得到很多赞美，赢得他人的掌声，让自己的工作锦上添花！

8. 学中庸，用坚持等待成功

无数事实证明，要想成就一番事业，就必须有忍耐精神。忍受困难，忍受折磨，忍受压力，忍受打击，忍受嫉妒，忍受讥笑，忍受一切应该忍受的痛苦。只有这样，咬紧牙关往前走，不后退半步，别人做不到的事情，你才能做到。拿破仑说过："胜利属于最坚忍之人。"

德尔西是一家大公司的老板，每年利润就有千万以上。但他年过六旬仍不愿意在家里享清福，却每天到公司来巡视。

德尔西对员工很和善，从不发脾气。看见有人工作没做好，他就会拔出含在嘴里的大雪茄，说："伙计，没关系，别灰心，再坚持一下，准能成功。"说完还拍拍对方的肩膀。他这种做法很得人心，全公司上下都十分卖劲地工作，谁也不偷懒。

一天，新产品开发部经理杰森向德尔西汇报："老板，这次实验又失败了，我看就别搞了，都第 17 次了。"杰森紧皱眉头。

"年轻人，别着急，坐下，"德尔西将一支雪茄塞进他的嘴里，"有时候事情就是这样，你屡干屡败，眼看没有希望了，但坚持一下，没准就能成功。"

"老板，我真没办法了，您是不是换个人。"杰森的声音有些沙哑。

"杰森，来，我给你讲讲我的故事。"德尔西吸了一口雪茄，他眯着眼睛开始讲起来：

"我本来是个苦孩子，从小没受过教育，但我不甘心，一直在努力，终于在我 31 岁那年，发明了一种新型节能灯，这在当时可是个不小的轰动。

"但我没钱，要进一步完善还需要一大笔资金。我好不容易说服了一个私人银行家，他答应给我投资。可谁也没想到，就在我要与银行家签约的时候，我突然得了胆囊炎，住进了医院。大夫说必须做手术，不然有危

险。其他灯厂的老板知道我得病的消息就在报纸上大造舆论，说我得的是绝症，骗取银行的钱来治病。这样一来，那位银行家也半信半疑，不准备投资了。当时我躺在病床上万分焦急，没有办法，只能铤而走险，先不做手术，仍如期与那位银行家见面。

"见面前，我让大夫给我打了镇痛药。在我的办公室见面时，我忍住疼痛，装作没事似的，和银行家拍肩握手，谈笑风生。但时间一长，药劲过去了，我的肚子跟刀割一样疼，后背的衬衣都让汗水湿透了。可我咬紧牙关，继续和银行家周旋。我心里只剩下一个念头：再坚持一下，成功与失败就在于能不能挺住这一会儿。疼痛终于在我强大的意志力下低头了，最后我们终于签了约。后来医生说，当时我的胆囊已经积脓，相当危险！知道内情的人无不佩服我这种精神。我呢，就靠着这种精神一步步走到现在。"

"老板，您刚才讲得太动人了，从您身上我真的体会到了再坚持一下的精神。我回去重新设计，不成功，誓不罢休！"杰森挺着胸，攥着拳，脸涨得通红，说话的声音都有些颤抖了。事实是最好的证明，在实验进行到第 18 次的时候，杰森终于取得了成功。

众所周知，在所有的体育比赛中，马拉松项目是最令人乏味的，但又是最耐人寻味的。在奥运会上，马拉松比赛往往是最后一项赛事，因为它最能体现完美的体育精神，就是坚持。

人生这场马拉松赛，更漫长、坎坷和艰难，更需要忍耐、坚持和奋斗。要在漫漫人生路上取得成就，只能靠恒心去挺，去忍，去拼搏。

点评

"千里之行，始于足下"。在漫长的人生中，要想取得成功，绝不是一朝一夕的事情。唯有学习中庸之道，在坚持中等待最后的胜利，才是最好的方法。

第十三章

会吃亏，小投资大回报

李嘉诚说："有时看似是一件很吃亏的事，往往会变成非常有利的事。"的确，从长远来看，有时候吃亏并不是真正意义上的"牺牲"，而是一种隐性投资。因为这种投资是可以回收的，而且比一般投资的回报率要高得多！所以人们常说"吃亏是福"。

1. 吃亏是一种隐性投资

吃亏是一种投资。你宽容地对待别人，凡事礼让为先，为他人着想，能不计较的就不计较，能成全的就成全，能帮助的尽量帮助，这就是最好的人情投资。会吃亏的人朋友多，会吃亏的人容易得到别人支持，会吃亏的人办事也自然会比较顺利。

小马的公司最近正在参加一个服装品牌夏季推广会的活动。她很努力，而且她对自己这一次的活动策划很满意。她觉得这次是她在业内崭露头角的机会，所以，她和她的两个搭档加班加点，牺牲了好几个周末的休息时间。就在她通过一次次的筛选，快要把项目揽到手的时候，老板让她把这个项目给另一个同事来操作，理由是那个同事与客户的关系更好，把这个项目揽到的把握性大一些。老板让小马理解，为公司作点牺牲。小马为此心情很不好。

眼看着自己的劳动成果被同事拿走，自己的美好前景化做了泡影，小马感到心里堵得慌。但最后，小马还是选择了吃亏，把机会让给了同事。

经过大家的努力，这个项目终于成功了。公司开庆功会，老板没有忘记小马的功劳，而且对她大方的表现很是欣赏，当众夸奖她甘为公司利益牺牲，是最有发展的员工。不久，小马就得到了晋升。

应该说，这种服从大局的品质是现代职场每个白领应该必备的，也是职场竞争中一大护身法宝。当然，如果小马不将自己的作品拱手相让的话，她也有可能揽到这个项目。但是，如果你牺牲了团队精神，将来就再也没有人配合你了，在公司里你就成了孤家寡人，因此你就很难有第二次的成功了。

商业俗语说，"钓鱼需长线，有赔也有赚"。对于生意场上的得失，一定要站得高，看得远；千万不要"只见锥刀末，不见凿头方"，只顾一时

的利益，从而失去长远的利益。

有一位广东商人张经理，他在陕西铜川开了家机电设备公司。有一次，一个老客户来买电器配件，遗憾的是，张经理找遍了公司的库存，就是没有这个配件。但是，这位客户着急得很，因为拿不到这个配件，他所在的企业就面临停工，而停工一天的损失将达5万多元。

看到客户如此着急，张经理一边安慰，一边承诺一定在一天之内把货搞到。客户刚走，张经理便亲自出马直奔西安供货方。谁知，西安也没货了。没办法，他只好连夜乘飞机回广州，然后再叫车赶往广东老家。

来回折腾一番后已经是清晨四五点了。张经理不顾饥饿与疲劳，又在广东联系相关的生产厂家。结果，在连续联系了十几个厂家后，终于让他找到了这个电器配件。

拿到电器配件后，张经理火速打车直奔广州机场，连看望一下父母的时间都没有。

第二天，当他把货交到客户手中时，客户感动得无法用言语表达。

但是，这次生意对于张经理来说，却是一桩赔本的生意。因为一个配件才300元，利润也就30元，但是，张经理却付出了3000多元的交通费。

当然，从表面上来看，张经理亏了好几千元，但是，他却得到了客户的信任。第二天，客户所在的企业就敲锣打鼓地送来大匾，还带上当地媒体来采访张经理，宣传他这种一心想着客户的事迹。就这样，张经理吃亏待客户的消息在业内广泛流传，张经理生意自然是越来越红火，得到的财富自然比区区几千元的损失要多得多。

一分耕耘一分收获。你要求获得回报没错，但是，你如果过分注重眼前的和金钱上的东西，就有可能适得其反。

事实上，如果你能够平心静气地对待吃亏，表现自己的肚量，往往能够获得他人的青睐，获得经商所需要的人脉资源，从而获得商业上的成功。

世界上没有白吃的亏，有付出必然有回报，生活中有太多的这种事情。如果过于斤斤计较，往往得不到他人的支持。如果放开心胸，从长远的角度思考问题，那么吃亏实际上就是一种商业投入，吃亏就是福呀！

点评

　　的确，在这样一个充满商业竞争的社会里，对于一个渴望成功的白领来说，要你不去计较，确实是件不容易的事。但你要坚信吃亏是一种投资，是为了长远发展的一种考虑。只有吃得眼前亏，才能得到以后的利。

2. 吃亏是福

李嘉诚说："有时看似是一件很吃亏的事，往往会变成非常有利的事。"这就是"吃亏是福"。

现实的人际交往过程中，并不是我们想象得那么单纯和简单。人们常说的"吃亏是福"其实本身就是一个利益交换等式。不要以为吃亏就是让自己白白受损失，有些亏是一定要吃的，而且要善于吃，因为吃亏吃得好就能换来"福气"。用眼前利益的暂时损失去换取长远的利益，这就是所谓的"吃亏是福"。

张老板和兰州一家酒店联系了一笔业务，该酒店要购买一套地毯清洗设备，价值6000多元。各项手续办好后，张老板把设备寄往兰州。但酒店收到设备后，称设备在运输途中损坏了，要求退货。张老板派人查看后得知，设备是在酒店组装时，操作不当而损坏的，维修费用约需700多元，酒店不愿承担才要求退货，公司没有任何责任，完全可以置之不理。但张老板表示，"吃点小亏"无所谓，维修费用他来承担，并让人把设备修好，让客户满意。结果，不久以后，该酒店要更新其他清洗设备，首先想到的就是甘愿"吃亏"的张老板，一次性订了7万多元的货。

"吃亏是福"没有错，但还有一句话叫"吃亏在明处才是福"。明明白白地吃亏，让关键人物知道你是主动地吃亏，认同你的吃亏，感谢你的吃亏，你才能换取他人的"知恩图报"。

张晓萍在上大学的时候，大家只觉得她心细如发，做事不那么雷厉风行。虽然通常会为她的好心而动容，但说实话，关于她的将来，还真没有人特别看好。从学校毕业后，他们那一届大多被分到一家由一些女性占据领导地位的国营单位，大家都觉得有点不那么自在，但张晓萍与她们很快就融成一片了。

张晓萍的单位吃年饭，一些妈妈级的同事们都把自己的小孩子带来玩。一般没有结婚的女子顶多出于礼貌过去逗孩子几分钟，吃饭的时候都躲得远远的，生怕孩子的油嘴、油手弄脏了自己的衣服。但是张晓萍却不然，她看起来是真心实意地喜欢那些孩子，她坐在小孩子旁边，喂他们吃饭，给他们擦鼻涕……结果自己不仅没吃好饭，而且干净的衣服也被弄得脏兮兮的。席终，她成了孩子们最喜欢的阿姨，妈妈们也同她结成了好友。

张晓萍是分到单位去的同学中升职最快的。当初有一个名额分到公关部，大家怎么也想不到会是外貌、英文都一般的张晓萍。可是她似乎又没有使用什么特别的手段，只是一味真诚地待人，哪怕自己吃点"亏"。

那时候，每次过节，单位里照例会分一大堆年货。张晓萍的父母不在本地，善于吃亏的她有充分的理由把年货都送给组长刘姐。虽然张晓萍在本地也有许多亲戚，但张晓萍很明白刘姐在此时对她的意义。果然，当领导来征求刘姐对新分来的一群大学生的意见时，张晓萍的分数最高，领导通过刘姐最早认识了张晓萍。

还有一次，大家起哄让主管请大家吃火锅。起因是主管平时比较节俭，但那次因为得了奖，拿了一笔不菲的奖金。去的时候，张晓萍让大家先行，说有点事要办，但特别叮嘱大家要去包房，要等她到了才点菜。大家坐了好一会儿，张晓萍才到，拿了一大包超市里买来的东西，神神秘秘的。等服务员一出包房门，张晓萍赶紧从塑料袋里取出她从超市里买来的蛋饺、鱼丸、蟹肉棒、午餐肉、芋芳、年糕……这样，每次请服务员出去加汤的当儿，张晓萍就往汤里倒一大堆东西。结果，大家只花很便宜的价钱，就在那家有名的火锅城大吃了一顿。当晚，最高兴的当然是做东的主管。虽然大家对张晓萍有点不屑，觉得二十出头的女孩子，弄得像一个斤斤计较的主妇似的，有点没劲，但张晓萍的出头之日就是来得比较快。最后，张晓萍还是同学中最先买房、买车的人。大家不能不承认，她真善于"吃亏"。

人生行走于世，如果我们并非无欲无求，那么在"吃亏"与"福"之间，就不能总盯着眼前的利益去计算。换句话说，人生的每一步，都是为下一步做铺垫，要着眼于未来，主动选择吃眼前亏，只有这样才会比较容

易把握主动。

　　正因为这个道理，马基雅维里写道：给人恩惠应该一点一点来，这样人们更能感受到恩惠的好处……

～点评～

　　其实，吃亏是一种胸怀、一种品质、一种风采。不懂吃亏，就不能完美地领悟人生；不懂吃亏，就不会有事业的壮丽辉煌。

3. 吃亏可以，但要吃在明处

吃亏，自然不是什么好事，但把亏吃在明处，却不一定是坏事。

不管是大亏，还是小亏，只要是对搞好朋友关系有帮助的，你都要尽可能地吃下去；但绝不能吃哑巴亏，尤其是大亏，一定要吃在明处，才能成为一本万利的好事情。

没有几个人不知道"红顶子"商人胡雪岩，他的发迹实际上就正因为"吃亏可以，但要吃在明处"的道理。

胡雪岩不仅善于做人，更加善于吃亏。胡雪岩本是江浙杭州的小商人，他不但善经营，也很会做人，颇通晓"吃亏是福"的道理。胡雪岩懂得"惠出实及"，经常给周围的人一些小恩惠。

小打小闹当然不能满足胡雪岩，他一直想成就大事业。在古代中国，一贯重农抑商。他想，单靠纯粹经商是不太可能出人头地。大商人吕不韦另辟蹊径，从商改为从政，名利双收，所以，胡雪岩也想走这条路子。

王有龄是杭州的一个小官员，一直想往上爬，又苦于没有钱做敲门砖。胡雪岩知道后，主动与他来往。等到交往越加深厚，两人发现有共同的目的，是殊途同归。王有龄对胡雪岩说："雪岩兄，我并非无门路，只是手头无钱，空手总是套不了白狼。"胡雪岩说："我愿意倾家荡产来帮助你。"

王有龄感激不尽，立誓说："我富贵了，决不会忘记胡兄。"

胡雪岩变卖了家产，筹集了几千两银子，送给王有龄。王去京师求官后，胡雪岩仍旧操其旧业，对别人的讥笑并不放在心上。

几年后，王有龄穿着巡抚的官服登门拜访胡雪岩，主动问胡雪岩有何要求。

王有龄是个讲交情的人，他利用职务之便，令军需官到胡的店中采

购。胡雪岩的生意越来越好、越做越大，他与王有龄的关系亦更加密切。如果当初胡雪岩不先吃亏，又哪里会有后来的生意兴隆？

后来，太平军占领杭州，王有龄上吊自杀。失去王的支持，胡雪岩并没苦闷多久，他要找新的支持者，他看中了新任的浙江巡府左宗棠。他又以吃亏的方法，即拿出一部分银子，为左的湘军办粮饷和军火。这一做法立即赢得了左的好感和信任。后来，随着左宗棠权力的升高，胡雪岩也是吉星高照，被左宗棠举荐为二品官，成为大清朝唯一的"红顶商人"。

胡雪岩深知，今天，他给朋友的是一滴水；他日，朋友将以涌泉来相报。古人早就说过"投之以木瓜，报之以瑶琚"，他就是以吃亏来交友，以吃亏来得利的。

∽点评∽

亏，不能乱吃，要吃就吃在明处，至少，你该让对方"瞎子吃汤圆——心里有数"。有的人为了息事宁人，去吃暗亏，结果只是"哑巴吃黄连，有苦说不出"。

4. 吃亏，教你如何"一本万利"

　　郑板桥曾经有两句至理名言，一是"难得糊涂"，一是"吃亏是福"。吃亏是福，可以理解为一种积极的心态，一种恬淡处世的行为，强调以豁达的心态应对一切。有的人吃了亏坦然应对，有的人吃了亏斤斤计较，这取决于一个人的生活态度。

　　一本万利的生意应该多做，但人生欲有所取先要有所付出，在这个过程中吃些"亏"、舍一些"本"就在所难免。适当的时候自己吃些亏，却可以使你的朋友、同事、上级受益满足，他们就会记得你的"好"，"得道多助"，那么你就会比旁人得到更多的人缘和成功的机会。

　　生活在东汉前期的甄宇，祖籍为山东省安丘县。他从小就特别喜欢读书，对于儒家的经典无所不读。随着年龄渐长以后，就专门研究孔子编著的《春秋》，在学问上有独到的见解，在思想上完全尊奉孔子，在行动上也遵照儒家提倡的道德去做，因而他的名声在乡里很好，口碑颇佳。

　　光武帝刘秀建武年间，朝廷听说甄宇很有学问，又待人宽厚，就把他征召到京城洛阳，任命他为博士。博士是教授官，在当时最高学府太学里任职，为太学生讲授儒家经典。古时候，每年农历十二月初八为腊日节，是祭祀百神的日子。每至腊日，光武帝刘秀都要向太学颁诏，表示慰问，并赏赐每个博士一只羊，以资鼓励。

　　有一年，又到了腊日节，光武帝派大臣到太学里去慰问。大臣宣读诏书说：博士们讲学兢兢业业，焚膏继晷，十分辛苦。现在每位博士赐羊一只，带回家中，与家人团聚，欢度节日。诏书宣读完毕，博士们叩头谢过圣恩。随后使臣命随从把羊群赶进了太学院中，点过数目，交给太学的长官祭酒。祭酒和博士们高兴地送走了使臣。

　　等到祭酒回到院中，细一打量羊群，心中就犯了难。羊正好是 14 只，

博士也正好是 14 位，一人一只，有什么为难的呢？原来这些羊有大有小，肥瘦不一，可怎么往下分发呢？分到肥羊的，当然会高兴；而分到瘦羊的，难免会说分配不公，待人有亲有疏。他想来想去，也没有想出个万全的办法来。

最后，只好把博士们都召集来，让大家商量，想一个众人都满意的方法。有一个博士说："羊本来就有肥有瘦，如果每人领一只，怎么也不会平均。依我看，不如把羊全都宰了，大家分肉，每人一份，肥瘦搭配，就不存在不合理的事了。"对这个主意，有的人赞同，但多数人不同意，认为大过节的，这些血淋淋的肉不好往家拿。

这个时候，又有一个人出了个主意，他说："还是用投钩的办法好，谁摊上什么样的就领什么样的，大小肥瘦全凭运气，也就不会有怨言。"在众人七嘴八舌争论的时候，甄宇静静地站在一旁，他想：杀羊分肉，投钩取羊，都有损博士的声誉，会让世人耻笑。于是对祭酒和众多博士高声说道："还是一人领一只吧。让我先牵第一只。"说着就走向了羊群。

对于甄宇的话，大家正在怀疑观望之中，只见他在羊群中选来选去，最后挑了一只最瘦小的。大家看到这种情形，就没人再争执了，都你谦我让，争着挑选小的、瘦的绵羊。

京城里的人都赞扬甄宇，管他叫"瘦羊博士"。这件事情很快传到皇宫，皇帝听说了这事也很高兴，就下诏书给以褒奖，在后来还提拔了甄宇，并委以重任。

甄宇识大局地去选择了别人不愿吃的"亏"，结果呢？他得到别人得不到的东西，真可谓是一本万利呀。

老子的《道经》中说："圣人后其身而身先，外其身而身存。非以其无私耶？故能成其私。"意为：圣人把自己置之于后，反而能在众人之中领先。把自己置之度外，反而能安然存在。这不是因为他无私吗？所以成就了他的自身。老子的观点是：无私才能成就有私——肯吃亏者多回报。老子告诉人们不要怕吃了亏。

"有所失才能有所得"。为人处世要做好感情投资。只有不怕吃亏，敢于舍些本钱，去照顾大家情面或者帮助别人一把，才能与人和谐相处，并赢取别人的信任，使自己处处受欢迎。这样才会在人生更多的对弈过程中，加大胜出的砝码。

"吃亏"是一种明智的、积极的处世方法。天下没有白吃的亏，"吃亏"可使你得到帮助，获得友情，取得财富，甚至改变你的命运。

 点评

不管是大亏还是小亏，只要是对办好事有帮助的，你都要不假思索、毫不犹豫地吃下去。事情的结果往往是你吃的亏越大，那你将得到的回报也就越多，甚至，你会得到一本万利的效果。

5. 感情投资不吃亏，放出长线钓大鱼

聪明的人都十分注重感情投资，他们明白感情投资也许不会立竿见影，马上见效果，但也绝对不会吃亏。因为如果能够建立起相互信赖的人际关系，对自己的今后事业的发展将有着极大的促进作用。

感情投资不需要金钱，但其效果却远比金钱的作用来得大。尤其是对于领导人物，感情投资是工作顺利过程中必不可少的因素，更是相互之间建立良好关系的润滑剂。

作为一名领导者，要想让下属理解、尊重并支持自己，就必须关心、爱护他们，这是进行感情投资时首先应该注意的问题。这样，下属与领导者之间的心会贴得更近，对工作会更加热爱和支持。如果仅在需要员工奉献时才临时抱佛脚，或者总是希望下属感恩戴德，从私人利益方面来求得报答，那就大错特错了。

作为一名领导者，一定要高度重视对自己的下属以心换心、以情动情的必要性，因为人人都有这种需要。

有投入才会有产出，有耕耘才会有收获。不行春风，哪得春雨？感情作为维系人际关系不可缺少的纽带，存在于领导者与被领导者之间。这种感情是互相影响的。想让下属理解、尊重、信任和支持你，首先你应懂得怎样理解、信任、关心和爱护他们。

2005 年，有位姓郑的工人因父亲患胃癌，急需一笔医疗费。这对本来就不富裕的郑师傅来说无疑是雪上加霜。他六神无主地哭着找到了王总。王总了解情况后，二话没说就让出纳给支了 20000 元钱，嘱咐他别有思想包袱，救人要紧。虽然事后郑师傅的父亲因癌细胞转移病情加重去世了，但郑师傅却对王总感恩戴德。2007 年，由于市场竞争激烈，王总的公司日子也不好过，只剩下一副空架子维持着。就在这时，郑师傅在菲律宾的舅

舅要来大陆投资办厂，听了外甥的介绍后，老人决定把钱投在人品信得过的王总经营的曙光鞋业公司上，并且还带来了大批新式鞋样、成套设备和许多订单。这样王总的公司在外资的资助下又起死回生，并越做越大，事业搞得红红火火。

人都希望别人能尊敬重视自己，关心体贴自己，理解信任自己。这种需要是属于心理上和精神上的，是比生理需要和物质需要更高级的需要。物质只能给人以温饱，精神才能给人以力量。

作为一名领导者，对待下属要以心换心、以情动情。这个道理，许多古代政治家都懂得。刘邦的"信而爱人"，唐太宗的"以诚信天下"，都是颇为感动下属的领导行为。每个人都需要别人特别是领导者的同情、尊重、理解和信任。如果领导者能够注意这一点，并身体力行，那么单位里就会出现亲切、和谐、融洽的气氛，内耗就会减少，凝聚力和向心力就会大大增强。

俗话说："士为知己者死。"如果领导者对自己的同事和下属能够平等相待，以诚相见，感情相通，心心相印，从思想上理解他们，从生活上关心和爱护他们，在工作上信任和支持他们，使他们的精神需要得到满足，这些下属就会焕发出高昂的热情，奉献出无私的力量，就会把工作做得更好。

感情投资应该是自觉的、一贯的，不能只做表面文章，空摆花架子，只保持三分钟热度。

"路遥知马力，日久见人心"，所谓以情动人贵在真诚持久。感情投资需要较长的时间才能结出果实，毕竟人与人之间的理解与信赖需要一个过程。

作为一名领导者，如果能长期注重感情方面的投资，与下属平等相待，以诚相见，感情相通，必会结出相应的果实。对先进人物和骨干分子需要进行这种"投资"，对后进人物和犯错误的下属更需要进行这种"投资"。长此以往，必定能吸引和留住那些最优秀的员工并激发他们的工作热情。

作为一名领导者，如果你想在事业上或人品上多得，就得学会多给、多舍。持之以恒地给予，那样你才会有意想不到的收获。这也是"吃亏"

二字的真谛。以"长线投资"代替"短线投资",这是凝聚人气、有效使用感情资本的重要理念。

人是各种各样的,对事物的反应也不尽相同。有的时候,你对下属百般关心,他们却是横眉冷对。但你应当坚信,"人非草木,孰能无情""精诚所至,金石为开"。只要工夫到了,误会消除了,下属总会转怒为喜,你一定可以培养出一批非常忠诚的下属。

∽点评∽

中国民谚里关于感情投资获大利的比比皆是,比如"投我以桃,报之以李""你敬我一尺,我敬你一丈"等等。在今天的竞争中,大家更应该坚信感情投资绝对不会让自己吃亏,因为人情是自己最雄厚的资本。善于投资人情,你才会永远立于不败之地。

6. 向前走朝前看，拼命工作不怕吃亏

不要以为只拿一点薪水就拼命工作会吃大亏，是极愚蠢的行为。工作不能只看眼前的得失，而要向长远看。今天拼命地工作，才能在明天取得最大的成绩。这才是你获得上司青睐和重用的正道。你应该及早改变这种拼命工作会吃亏的想法。

如果现在有两副担子，分别是 45 公斤和 90 公斤，给你同样的报酬，让你选择，相信你会选择 45 公斤的担子。同样的报酬为什么要拣重的呢？这不是自讨苦吃吗？事实上，同样的报酬拣重担才划算。因为重担使你能力增强，轻担子虽然省力，却无法激发你的潜能。

在工作上，很多人都有拈轻怕重的倾向。同样的待遇，为什么我要比别人做更多的工作呢？他们觉得勤恳工作不计较得失的行为是愚蠢的。其实这是一个非常错误的想法。

李娟在一家化妆品公司做营业员，做了 3 年连个店长也没当上，为此她一直向朋友诉苦，埋怨老板对她不公平，又说同事挤兑她。一次，朋友去李娟所在的店里看望她，发现她不停地和朋友说话，手里甚至还在玩游戏机，顾客进来时她也爱理不理的模样，让不少想向她询问问题的顾客欲言又止。李娟甚至向一个顾客说出"买不起就别看"的话来，气得顾客满脸通红摔门而出。两个星期后，朋友再去店里找李娟时，一位营业员说她已经被解雇了。

对拼命工作的人，工作会给予他意想不到的奖赏。总是做得比应该做得更多，你就会出人头地。相反，如果只是一味地抱怨，计较得失，害怕吃亏，而不去努力工作，你就永远也得不到你想要的东西。

拼命工作才是真正的聪明，因为拼命工作是提高能力的最佳方法。你可以把工作当做一次学习机会。这样不但可以获得很多知识，还为以后的

工作打下了良好的基础。更重要的是，能赢得上司的好感和重用。

如何赢得领导的好感？这是每个人都迫切关注的。晓丹在公司非常能赢得领导好感，二十多岁就被提拔为部门主管。为什么呢？原因就在于她工作积极主动，从来不怕吃亏，不计较报酬。比如公司举办大合唱，有人觉得站在台上傻乎乎的，而不愿参加。但类似这样的活动，她都积极参加，而且还能充分表现自己的能力。这样的员工，上司怎么能不喜欢呢！

试想一下，如果你不把精力放在认真工作上，反倒对自己的酬劳斤斤计较，怎么可能得到上司的青睐和提拔呢？

王伟在一家贸易公司工作。他自认为工作很认真，能力也不错，可一年多过去了，他还是没有被上司重用。他曾经跟朋友发泄过不满："我的工资是最低的，老板也看不上我，再这样下去，我非要跟他大吵一架不可。"

"你对公司的业务都弄清楚了吗？在工作中你有什么窍门没有？"他的朋友问。

"没有！"王伟愣住了。

之后，朋友建议他先静下来，拼命工作，再把有关贸易技巧和公司组织完全弄懂之后再走，这样到了其他公司也好开始工作。

王伟听从了朋友的建议，一改往日的工作习惯，开始认真工作起来，甚至在下班之后，还常常留在办公室里研究。

一年之后，朋友再次见到他说："你现在估计把他们的东西都学会了，可以跟老板摊牌了不干了。"

王伟红着脸说："可是我发现近半年来，老板对我刮目相看，最近更是委以重任了，升职又加薪，现在我已经成为公司的红人了！"

当初老板不重视王伟，正是因为他工作不认真，又不努力学。而这半年多的时间，王伟由于准备跳槽，不再计较在公司的得失，不再关心自己是否吃亏，而是用心"偷"公司的知识，结果他能力增强，担当了重任，当然也会让上司对他刮目相看。

拼命工作的员工不会为自己的前途操心，因为他们已经养成了一个良好的习惯，到任何公司都会受到欢迎。相反，在工作中投机取巧或许能让你获得一时的便利，但却在心灵中埋下隐患，从长远来看，是绝对会吃

亏的。

如果你凡事得过且过，从不勤恳工作，那你就会被老板毫不犹豫地排斥在重用的范围之外。所以，无论你做什么工作，无论你面对的工作环境是松散还是严谨，你目前的报酬是多还是少，你都应该勤恳工作；不要老板一转身就开始偷懒，也不要斤斤计较。你只有在工作中锻炼自己的能力，使自己不断提高，才有可能获得加薪升职的机会。

别人都不是瞎子，不会对你的表现置若罔闻。领导喜欢踏实工作的人，时间长了，自然会对你加以重用。可以这样预测，一年内有人工作勤恳主动，不计较得失，一年后，领导对他的态度肯定会大有转变。

点评

> 不要在工作上多做了一点点，就跟领导邀功，还自以为精明。实际上，在工作上怕吃亏的人是最笨的。这种行为会让领导觉得你就是为了争报酬。聪明的人，会拼命工作，充分表现能力，绝不斤斤计较，从而得到老板的赏识。

7. 吃点小亏，帮别人也是扶自己

帮助别人不会吃亏，而是助人与自助的一种结合方式。在这个世界上，我们每个人都是不同的，各有各的资质与技巧，各有各的能力，各有各的长处和短处。你在某个问题上帮助了别人，而在另一个问题上，你也可以获得别人的帮助。所以，你看似在帮助别人，实际上是在自助。

其实帮助别人就是强大自己，帮助别人也就是在帮助自己，别人得到的并非就是你自己失去的。当你去热忱帮助别人解决某一个问题的时候，产生的积极心态，会使自己的能力也有出色的表现。

牧师问上帝天堂和地狱有什么区别。上帝对这位牧师说："来吧，我让你看看什么是地狱。"上帝带牧师走进一个房间。房间里有一群人围着一大锅肉汤，每个人看起来都营养不良，既绝望又饥饿。他们每个人都有一把可以够到铁锅的汤匙，但汤匙的柄比他们的手臂还要长，自己没法把汤送进嘴里。他们看上去是那样悲惨。

"来吧，我再让你看看什么是天堂。"上帝把这位牧师领入另一个房间。这里的一切和上一个房间没什么不同。一锅汤、一群人、一样的长柄汤匙，但大家都在快乐地歌唱。

"我不懂，"这位牧师说，"为什么一样的待遇与条件，他们快乐，而另一个房间里的人却很悲惨？"

上帝微笑着说："很简单，在这儿他们会喂别人。"

助人就是助己，生存就是共存。不会与别人合作，就相当于把自己送入地狱。别人求助的问题或事情，有可能是你从来没有遇到过的，所以，你为别人解决了问题，做了事情，也会给自己以启迪，迫使你重新选择思考问题的角度，也为自己积累了经验。这样，你不仅帮助了别人，同时自己也得到了提高。

江苏省张家港市的长江村，磨砺 30 载，变成了资产总额达 8 亿元的村

子，这都是"助人与自助"相结合的功劳。

从 1997 年至今，长江村已经向安徽省凤阳县小岗村输送扶贫资金 420 万元，帮助小岗村修建了一条水泥路面的村级大道，办起了一个占地 80 亩的葡萄示范园，全村 90 家农户种植葡萄。葡萄苗、化肥、管理费用都由长江村全部足额补贴。长江村帮扶作为农村改革标志的小岗村，这两朵"姊妹花"的故事一时被传为佳话。

"帮了别人，也扶了自己"，是长江村与小岗村帮扶结对的新认识。扶贫，不光是送钱给物，那能解一时之急，却不能救一世之穷。重要的是，要使小岗村具备富裕起来的造血机能。长江村不仅在小岗村发展鲜食葡萄，还大力发展酿酒葡萄，搞葡萄深加工。后来，他们还带小岗村人去法国、西班牙考察，并与法国一家葡萄酒厂达成了开发生产葡萄酒的合作意向。

现在的长江润发集团，已经不是过去那个"小打小闹"的乡镇小厂，而是一个多元化的现代型企业集团。自 1994 年创办以来，长江润发集团通过改制，将原来的 30 家企业改为 18 家子公司，生产的机械、电子、化工、造船、建材产品销售全国和欧美各地，年综合经济效益近亿元。生产的 8000 吨级装有卫星导航系统的集装箱轮船，受到了国际船商的高度赞扬。

过去的成就不能代替现在和未来面临的市场竞争，驾驭这样一个企业集团，更需要智慧和胆识。

长江村的村委会主任和党委书记说："在无情的市场经济规律面前，你顺应它，它就把你纳入上宾之座；违背它，它就把你打入淘汰的冷宫。我认为有市场、有利润、有后劲，就是我们村级经济的高新技术。有了这样的高新技术，我就不用发愁应对市场竞争。"

村长说："我们帮扶小岗村建路，搞葡萄园，有人不理解。我当时就想，作为先富起来的我们，要有博大的胸怀。现在想，还要有补充，就是帮了他们，也扶了我们自己。"

截至目前，长江村在苏北贫困地区宿豫县投资 3.5 亿元，兴办了几家企业。彩涂板厂已经开工建设，这有利于宿豫县的经济发展，对长江村也有好处。长江村现在发展的空间不大，此举解决了长江村生产车间不足的问题。另外，由于生产成本较低，还可提高投资收益率。

点评

在日常的工作生活中也是一样，同事之间免不了互相帮帮忙。平常我们总说"助人为乐"，但是在办公室的处世哲学中我们也不能不说：帮别人也是扶自己。

8. 不要捡了芝麻，丢了西瓜

"吃亏就是占便宜，做人就应该能吃亏，能吃亏自然就少是非"。可很多时候，生活中的大部分人不肯吃眼前的小亏，反而吃了看不见的大亏，正所谓"捡起了芝麻，丢掉了西瓜"。

其实，贪小便宜是人之常情，但却绝对不是一个好习惯。从来没有听说贪小便宜可以发家致富的。而且，要想人生、事业有所发展，就一定不能落下爱贪小便宜的名声。只有以"吃亏时就糊涂一下"的做人原则来为人处世，凡事多谦让别人一些，自己吃点小亏，才能万事大吉。

周晓庆常常用办公室电话处理私人事务。部门同事曾经暗示过他，这样做不好。周晓庆倒是无所谓的样子，还说其他部门的人都这么做，意思就是谁不用谁就是傻帽！他在自己办公室打打私人电话这事也就不说了。还有一次，周晓庆出差到外地公司，依旧用人家的办公室电话聊私事，短则二十分钟，长则一个小时。

好景不长，出差回到公司后，周晓庆马上就被部门经理开除了。原来外地公司的经理早就发现了周晓庆的行为，只是碍于面子没有当面指出，但当周晓庆工作结束后，便把这一情况通报给了周晓庆的部门经理。公司领导知道这一情况后很生气，当下决定开除周晓庆。

贪小便宜的人，貌似占了便宜，实则吃了大亏。吃亏就吃在个人形象大打折扣。就算此人工作能力再强，业绩再突出，说起来有这个毛病，也会让人欷歔不已。其实，做人就应该踏踏实实，切不可因贪小便宜而吃了大亏。

有些人看问题时目光短浅，过分看重眼前利益，结果吃了大亏。

在一家卖衣服的店铺里，有个年轻女孩要买一件30元的衣服，当她拿钱时掉下一张壹佰元的钞票。她没有看见，但营业员已经看见了。年轻女

孩只拿出十元钱，对营业员说："营业员小姐，我只有十元钱，等一下我马上把钱送来给你好吗？"这时营业员想：你掉在地上有壹佰元，就是你不来，我也多了。就忙说："好，好，你马上送来。"年轻女孩拿走衣服后，营业员马上把地上的钱捡起来，一看，却是一张假币。当然，那位年轻女孩后来也没有送钱回来。

人生在世，即使什么也学不会，也得学会吃亏。只要学会吃亏，你就会感到烦恼从不上身，遇事游刃有余，心底坦坦荡荡，吃饭有滋有味，睡觉踏踏实实。这种感觉，是爱占小便宜的人根本无法体会到的。

比如说在单位里多干些工作，哪怕工资还不如那些整天闲着的人拿得多也不要放在心上。虽然眼前你付出的要比别人多，而得到的却又比别人少，从表面上看可能是吃亏了；但是谁工作干得多，谁的能力强，领导心中自然有数。你用理性的智慧躲避了身后不可想象的事情。

记得有一首歌中曾经写道："做人就应该能吃亏，能吃亏自然就少是非。"其中道理耐人寻味。试想，如果将来有一天单位优化组合，想必哪个领导也不会让勤勤恳恳干工作的人下岗，而把那些吃饱了混日子的人留下来。在竞争激烈的今天，能够保住自己的饭碗，对于养家糊口的我们来说，是一种福分。

点评

从人的本性来说，几乎每个人都是爱占便宜的"便宜虫"，几乎每个人都希望许多时候能占点小便宜，但这并不意味着人们占小便宜就能得到好处。事实恰恰相反，绝大多数人都落得贪小便宜吃大亏的下场。因此，以此为鉴，希望大家都能少占便宜少是非。